素食坐月子

【暢銷紀念版】

80道滋補養身美味月子餐

王培仁◎著　徐博宇、林宗億◎攝影
前台大營養師 宋臺英◎審訂

【編輯室報告】

素食人口日漸增加，然而一般市面上的坐月子食譜卻鮮少見到素食媽媽的飲食指南，因此，繼《健康漂亮坐月子》之後，我們特別針對素食媽媽出版這本《素食坐月子》，期待給素食媽媽一份最完善貼心的飲食照顧。

作者王培仁老師本身就是素食者，對素食有獨到的見解。她的烹調方式毫不拘泥，不愛用傳統素食料理的素雞、素鴨等素料，也不用香菇粉來調味，而是運用大量的天然蔬材，加上自製的醬料、高湯、抹醬來調味，不僅菜色豐富多變，風格自然鮮美，當然也更加健康營養了。

本書共收錄80道素食坐月子食譜，包括主菜、配菜、湯品、主食與點心五大類，建議素食媽媽在每一餐都能「少量多菜色」，也就是多吃幾道不同的菜色，才能攝取更多元、更均衡的營養。此外，每一道菜也由專業營養師宋臺英列出營養分析，提供您配菜的參考，也是產後體質調養的最佳諮詢。

祝福每一位素食媽媽都能健康漂亮、歡喜自在坐月子。

【作者序】

獻給素食媽媽的坐月子食譜

我自十四年前開始吃素。在懷第二胎時，我已經開始吃素。當時吃素人口並不像現在如此普及，一般人對吃素也不甚瞭解，因此父母對我懷孕時繼續吃素有些擔憂，認為如此可能會對胎兒與我自身的健康有影響。但是當孩子生下來健健康康之後，親朋好友的擔心也就此化解。

我是北方人，在我的印象裡，其實北方人坐月子並不會吃藥膳補湯，而是依循平日的飲食方式，但去除生冷食物，最重要的是每天要喝一碗自家製的酒釀來滋補。在這本書中，我也特地放入了酒釀的製作方法，供大家參考。

坐月子飲食不僅在南、北不同，東方、西方更是大不同。就我與身邊親友的經驗，每個人生產後的飲食需求都不同，必須依照個別體質來調配，也會因為所居住地方的風土而不同。我認為，最好的飲食原則是以產婦「吃得下」為主，至於口味以清淡些較佳，切忌生、冷、冰的食物。另外，生化湯是產後必須服用的，中藥行都可以買得到藥方。

這本書是為素食媽媽設計的坐月子食譜。在設計這些食譜時，我盡量取用多種食材，讓素食媽媽能夠均衡攝取各種營養；並且盡量少用摻有添加物或過度加工的素料，畢竟天然食材才是最佳的營養來源，對身體也最有益處。

現代人生活忙碌，很多產婦的坐月子飲食都已交給坐月子中心來處理。不過，若能享用自家準備的坐月子菜餚，還是最理想的。在此也建議您，書中所使用的高湯，或是〈湯品篇〉的補湯，都可以事先烹煮好，分袋冰凍起來，食用前再取出加熱，便可以縮短每次準備的時間。

做菜一直是我最大的興趣，只要看到大家吃得開心，我就煮得愈加起勁，而更有研究新菜色的動力。希望這本書能為更多素食媽媽帶來更多的體力與活力。

如何使用本書

材料・調味料
材料與調味料的建議用量

分量
可製作的料理分量

作法
詳細的作法解説

NOTE
作法之外需要注意的烹飪技巧，或是可替換的食材

八珍松子炒飯

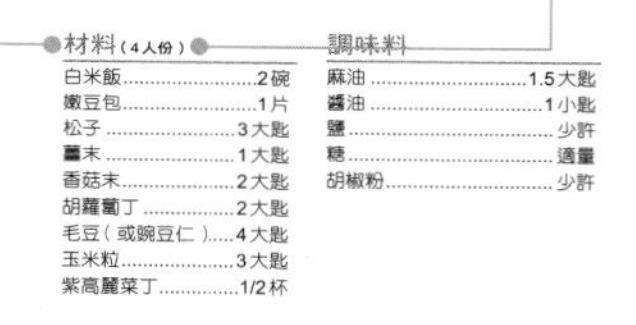

材料（4人份）

白米飯	2碗
嫩豆包	1片
松子	3大匙
薑末	1大匙
香菇末	2大匙
胡蘿蔔丁	2大匙
毛豆（或豌豆仁）	4大匙
玉米粒	3大匙
紫高麗菜丁	1/2杯

調味料

麻油	1.5大匙
醬油	1小匙
鹽	少許
糖	適量
胡椒粉	少許

作法

1. 嫩豆包切小丁。
2. 松子以乾鍋炒香，備用。
3. 鍋中放入麻油加熱，先放薑末炒香。
4. 接著放入香菇末炒香，加入嫩豆包炒至微黃，再加胡蘿蔔丁、毛豆、玉米粒、紫高麗菜丁、1/3杯水，炒到湯汁收乾。
5. 再加入醬油、鹽、糖、胡椒粉拌勻，放入白米飯翻拌均勻，最後加入炒香的松子拌勻即可。

NOTE
可加入少許切碎的包種茶葉拌炒，會使炒飯泛著一股清淡的茶香。

坐月子補給站
麻油含單元及多元不飽和脂肪酸，亦可促進子宮收縮。紫高麗菜、胡蘿蔔則富含維生素A及纖維。

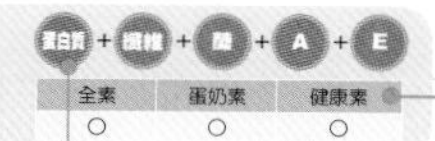

全素	蛋奶素	健康素
○	○	○

86　87

坐月子補給站
營養師的專業分析

營養素
這道菜所含的主要營養成分

素食類別
不同類別素食者可否食用，或需替換的食材

本書使用的度量單位

- 1杯＝240cc
- 1小匙＝5cc
- 1大匙＝15cc
- 材料分量若為「適量」，表示不會影響成品，可視個人喜好添加

本書所使用的素食類別

全　素：不食肉類、蛋、奶、五辛
蛋奶素：不食肉類、五辛，但可食用蛋、奶
健康素：不食肉類，但可食用蛋、奶、五辛

目錄

CON

Part 3 湯品

Part 4 主食

Part 5 點心

女人重生的機會——坐月子

撰文◎劉淑蘭

「坐月子」是產後婦女才能享有的特別休假日，指的是在女人生產後30天內，讓產後婦女在家靜養，並以食補進行各種產後調養，讓身體早日恢復產前狀況。而小產（包括自然流產或人工流產）也需要坐月子，但因為小產與剖腹生產屬於非自然狀態，對母體傷害更大，所以坐月子需要40天左右會比較好。

中國人認為，月子如果坐得好，產後身體就能早日恢復健康，然而一旦調養失當，許多產後疾病也會跟著來，甚至影響終生。正因坐月子對於母體健康的影響相當大，所以即使在以往婦女肩負著繁重家務的傳統農業生活，婦女也只有產後坐月子時才能免除勞動，享受被照顧的特權。

以科學的角度來看，女人在懷孕期間為了提供胎兒生長的營養，除了外在體型的改變，內在的各種生理機能也產生一連串的變化。不僅子宮增大為孕前的1000倍，心臟負荷增加、心跳和血流增快，隨著胎兒發育成長，母體心臟位置也被迫推移、腎臟會略為增大，皮膚、身體關節等也會有不同改變。而這些改變會在產後漸漸調整回產前的狀況，此時體內會分泌更多的荷爾蒙以加速新陳代謝，所以如果加以適當調養，不僅可以使身體快速恢復，甚至能改善諸如貧血、低血壓、腰痠背痛、手腳冰冷等舊有的毛病，讓身體比產前更健康。

吃素坐月子，營養不缺乏

婦女生產，難免要歷經失血、產道撕裂受傷等過程，再加上生產後身體虛弱，所以產後最重要的，就是要為產婦補充均衡營養，以促進新陳代謝，幫助傷口癒合。此時產婦最需要的，莫過於蛋白質、鈣與鐵的吸收了。

以蛋白質而言，黃豆及所有的豆類製品、牛奶及乳製品、堅果類與穀類，都含有豐富的蛋白質；雖然小魚乾、骨骼裡含有豐富的鈣質，但乳製品、胚芽、全麥、芝麻、九層塔、葡萄乾裡也不虞匱乏；而且只要常吃黑木耳、香菇、大蒜、薑、紅豆、紅棗以及海帶、菠菜等深綠色蔬菜，一樣可以獲得和食用肉類、內臟相同豐富的鐵質。所以只要留意素食容易缺乏哪些營養素，並加以補充，真的不足時再搭配醫師開的營養劑，素食坐月子一樣可以吃得很健康。

唯一需要注意的是，因為維生素B12主要存在於肉類、乳製品與蛋之中，如果媽媽長期吃素（尤其是全素者），體內維生素B12的含量減少，乳汁裡亦無法擁有足夠的維生素B12，嬰兒易患有巨紅血球型貧血，甚至生長遲緩、神經系統發育不良。所以在此建議全素媽媽改吃蛋奶素，只要每天食用1顆蛋與2~3杯的牛奶，就能輕鬆補足當日所需的維生素B12。

坐月子飲食3階段

基本上，坐月子需要的時間在30至40天左右。以一般自然生產而言，飲食的重點如下。

階段	飲食重點
第1週	加強富含蛋白質以及具活血化瘀功效食物的攝取，幫助子宮恢復機能，促進廢血惡露排出。此時中醫多會開立生化湯給產婦服用，具化血消瘀、加速子宮復原之效。
第2週	多食用具高蛋白與優質脂肪，以及可促進血液循環的食品，預防生產後的腰痠背痛或筋骨痠痛。
第3～4週	應加強攝取可有效補充體力的食品，以達到增強體力、預防老化之效。而剖腹產與小產婦女，則應在第一週多食用可幫助傷口癒合的食物，如本書中的補肝湯及以藥膳汁為湯底的料理，都很適合。

素食媽媽最佳滋養食材

種類	名稱	功效
豆類	黃豆（含黃豆製品）	含豐富的蛋白質、磷等營養素，有助於產後的營養補給；黃豆中的卵磷脂可加速新陳代謝、有助於傷口癒合。
	黑豆	含豐富蛋白質、鈣、氨基酸以及抗氧化物，中醫認為具有活血化瘀、消浮腫、美膚功能。民間認為食用黑豆或黑豆酒，可增加乳汁分泌。
	紅豆	鐵質有益於造血、補血；內含皂鹼則有去濕、益氣、利尿消腫等功效。《本草綱目》亦記載有助於通乳。
	花生	花生含豐富油脂、蛋白質及維生素B群、E和菸鹼酸，可提供充足的營養及熱量。花生外膜含有可幫助造血的成分，具有生血、止血之效，亦有催乳功效，很適合產後食用。
堅果類	栗子	含維生素B1、B2等，可活絡血氣，改善筋骨腫痛、腰膝無力，適合做為病後產後身體虛弱時的補品。
	核桃	富含油脂及胡蘿蔔素、維生素E，食用可通腸，改善產後便秘。
	松子	脂肪含量高達70%以上，可滋補潤腸，有效改善產後便秘。
	腰果	含優質油脂、豐富的維他命A、B群與多種氨基酸、鈣、磷等礦物質，可強健筋骨、預防及改善便秘、滋潤肌膚，是極佳的養生補品。
	芝麻（麻油）	含優質油脂、卵磷脂等豐富營養與高量的鈣，是很好的滋補品。可滋陰潤腸、通乳、滋潤秀髮，對於治療身體虛弱、通便亦有效。
蔬菜	海帶、紫菜	含有特別豐富的碘、鐵、粗纖維與甘露醇物質，食用後可有效改善貧血，並加速新陳代謝、利尿消水腫。民間認為紫菜有助於產後催乳。
	菠菜	豐富的鐵質有助於造血，500公克菠菜中即可攝取相當於2顆雞蛋的蛋白質含量，很適合素食者補充營養。但所含草酸較多，若攝取過多，會影響人體對鈣的吸收利用。
	豆芽菜	物美價廉的優質蔬菜，除了含有黃豆、綠豆原有的營養素，在發芽生長期間還增加許多營養素，經常食用可降低血膽固醇、補充素食者最缺乏的維生素B12。
	黑木耳	含有豐富蛋白質、鐵以及均衡的營養素，且具有延遲凝血的物質，可疏通血管。民間認為食用黑木耳可治療子宮出血、月經過多、貧血，婦女產後食用亦可補身。
	山藥	含有多種營養素以及黏蛋白、膽鹼、自由氨基酸等多種物質，其中還有可分解蛋白質與碳水化合物的消化酵素，具有良好的滋補功效。
	胡蘿蔔	胡蘿蔔是優質蔬菜，除了蛋白質、果膠、醣類等，更含有十多種維生素與多種氨基酸，其中以胡蘿蔔素含量最多。營養之豐富，無論是平日或產後食用，都有助於維持身體健康。
	南瓜	含豐富澱粉、醣類及胡蘿蔔素、維生素B、微量元素鈷，其中鈷在食用後具有補血作用。民間認為南瓜亦可安胎、治療產後缺乳。
香草、香辛料	薑	由於含有多種揮發油成分以及比菠菜更多的鐵質，食用薑可驅寒、促進血液循環，特別對於孕期嘔吐、產後血虛與腹痛、腰痠、閉經均有療效，很適合用來調理婦女生理、改善體質。
	九層塔	含芳香精油物質，具有特殊香氣，可活絡血氣、驅寒。麻油九層塔煎蛋為最常見的坐月子料理，可改善產後腰痛、月經不調。
	大蒜	具有良好的消炎作用，其含有豐富的鐵，可治貧血並促進體內新陳代謝。
乳製品	牛奶、起司、優格	為營養十分豐富的食品，含維生素A、B2以及可被人體充分吸收的完全蛋白質，牛奶中鈣、磷1：1的比例，亦最易於被人體吸收，是素食者補充蛋白質與維生素B2的最佳來源。

烹調原則與飲食禁忌迷思

產後的飲食宜以營養且清淡易消化的食物為主，才能為虛弱的產婦迅速補充體力。烹調的時候，除了要著重食材的均衡營養，還要注意以少鹽清淡、不油膩為佳，過於刺激性的食物如辣椒、咖啡，以及烘烤、煎炸方式烹調的食物也應避免。另外麻油較為燥熱，期間如果傷口有發炎、紅腫等現象，則要禁食以麻油、米酒入料的食物，以免加重發炎情況。

此外，中醫嚴禁食用如大白菜、白蘿蔔、水梨、西瓜、椰子、冰品等生冷、寒涼的食物，但西醫則無此禁忌。

其實關於坐月子的飲食，中西醫各持有不同的看法，民間也有很多相關的禁忌。然而許多關於產婦生活上的禁忌，例如不能洗頭洗澡、不能碰未煮過的生水等，其實都跟舊社會時代生活、衛生條件不佳有關，現在大可不必一一遵循。但諸如不可食用涼性的蔬果等，到現在還是一直被大多數人所遵守。

西醫主張產婦應多攝取牛奶與水分，一方面水可促進新陳代謝，牛奶也有益於乳汁的分泌。而就中醫觀點與民間説法，是嚴禁產後第一週喝水的。其原因在於產後必須減去積存在體內的多餘水分，以免阻礙新陳代謝，也會影響日後身材的恢復。此時如果口渴的話，多是將米酒煮至酒精蒸發再飲用，或者飲用湯品。

所以關於坐月子的飲食禁忌，中西醫主張各有不同的道理，產婦可針對自己體質，多詢問專業醫生的建議以及親朋好友的相關經驗，作為自己依循的準則。

中藥材輔助產後調養

許多中藥材早已深入一般家庭料理之中，不一定是生病的時候才能食用，例如許多女性平時就有飲用桂圓紅棗茶的習慣，當歸麻油麵線是冬令的大眾補品，四神湯則是品嘗小吃時的美味選擇。而其他如松子、腰果、栗子等堅果類，以及淮山、乾百合等乾燥後的根莖類，只要具有藥性，也都被納入中藥材的大範圍之中。所以只要瞭解以下幾味常見中藥材的性味功能，適時搭配在三餐飲食之中，對於產後的調養會更有助益。

◎ 杜仲

【功能】性溫，味甘，補肝腎、強筋骨、安胎、降血壓，可治腰膝痠痛、流產、高血壓。
【食用】可煎成茶水服用，或者搭配其他食材一起燉湯或以麻油炒食。

◎ 桂圓（龍眼乾）

【功能】性溫，味甘。補氣血、益心脾，可治氣血不足引起失眠、頭暈，很適合體弱或產後的調理。
【食用】可當作零食直接食用，或泡茶、煮成甜湯、甜粥或製成甜點食用。

◎ 枸杞

【功能】性平，味甘。補肝腎、滋養強壯、潤肺，可明目、治腰膝痠軟，改善血虛引起的頭暈、頭痛。
【食用】可當作零食直接食用，或搭配紅棗泡茶、與白木耳煮成甜湯飲用，亦可搭配其他食材燉湯、炒食。

◎ 肉桂

【功能】性大熱，味辛甘。助陽、散寒發汗、止痛、活血通經，可用於虛寒吐瀉、腰膝冷痛、治療經痛。
【食用】因肉桂風味強烈，適合作為少量的調味，可沖泡肉桂杏仁茶，或製作各種點心食用，烹調時也可添加少許於餡料或炒料中，別有一番風味。

◎ 甘草

【功能】性平，味甘。補中益氣、清熱解毒、潤肺止咳、緩急止痛，可治瘡瘍腫毒、咳嗽、胃腹疼痛、心悸。
【食用】甘草味甘，多用於搭配其他苦味藥材一起煎服或者燉湯，也有和杏桃、檸檬一起醃漬成甘草杏、甘草檸檬，可止咳化痰。

◎ 紅棗

【功能】性溫，味甘。健胃養脾、生津益血、鎮靜利尿，可補血、強身，治久瀉、失眠。
【食用】可當作零食直接食用，常和桂圓一起泡茶或煮成甜湯飲用，用於料理燉湯也很合適。

◎ 黃耆

【功能】性微溫，味甘，補氣益氣、利水消腫、抗菌，可治子宮脱垂、氣血虛弱、浮腫，增強免疫力。
【食用】與紅棗加水熬成茶水飲用，可強健補身，或者搭配當歸入料燉湯飲用，多食有益。

素食坐月子 Q&A

Q1 坐月子吃素會影響身體的復原嗎？

A 一般人的觀念裡會認為，產後需要吃鱸魚湯、豬腰等葷食來滋補，吃素無法獲得充足的養分，會影響日後的身體健康。其實這個觀念是錯誤的。只要能夠攝取均衡營養，植物界裡也擁有許多優質蛋白質、維生素，平日多食用牛奶、雞蛋補充維生素B12，配合適當的運動以維持體力，坐月子吃素並不會有外傳身體虛冷等後遺症。

Q2 高齡產婦坐月子適合吃素嗎？

A 其實高齡產婦最應留意的是懷孕期，因高齡產婦較易有畸形兒、妊娠糖尿病、妊娠血毒症、胎盤鈣化等合併症，所以只要生產過程順利，沒有特殊的產後病症，坐月子吃素並沒有問題。唯一要注意的就是，高齡產婦在產前產後都需要加強鈣質的補充（牛奶、乳製品、胚芽、芝麻等），若本身還患有其他疾病，則應向專業醫師諮詢。

Q3 吃素會容易生女孩嗎？

A 雖然沒有經過統計，但偶爾卻會聽到「吃素容易生女孩」的傳聞與疑惑。其實吃素跟生男生女並沒有關係，小孩性別完全是根據男性精子裡的XY染色體來決定。不過生男生女都是自己的小孩，如何能生育出一個聰明健康的BABY，才是為人父母最關切的事。

Q4 吃素是否會影響出奶量＆如何增乳？

A 很多新手媽媽因為太過緊張，當乳汁不足時就以為是吃素的關係，其實這是錯誤的。只要飲食均衡、睡眠充足，盡量保持心情輕鬆愉快，以溫熱毛巾按摩乳房，經常給寶寶吸吮加以刺激，最重要的是要攝取充足的水分，例如溫熱的牛乳、豆漿、湯品、黑麥汁或開水，平日也可多攝取紅豆、黑豆、花生、海帶、南瓜、黑芝麻等具有催乳作用的食物，就能增加乳汁的分泌。但韭菜、麥芽、紅花以及較寒涼的水果具有退奶作用，應避免食用。

Q5 關於產後憂鬱症？

A 初產、曾患有憂鬱症或有相關病史的產婦，較容易罹患產後憂鬱症。其依程度不同，分為產後沮喪、產後憂鬱症與產後精神病，後兩者會有情緒低落致無法照顧新生兒的情況。引發的原因除了體內荷爾蒙的劇烈變化，突如其來的壓力等各種緊繃情緒，以及生活及工作上的適應問題都是。對抗產後憂鬱症，丈夫與家人應給予產婦全力的支持與安慰，主動分擔家務與照料新生兒，讓產婦盡量放鬆心情、充分休息，盡量多吃多睡，好好地坐月子，相信必能遠離憂鬱的危機。

Q6 產後如何恢復苗條身材？

A 懷孕期間為了提供胎兒充分的營養，母體在各方面會有重大的改變，而體重、脂肪的增加最為明顯。除了產後要飲食及運動雙管齊下，孕期中也應當將增加的體重控制在合理的範圍內（但不應節食或劇烈運動），同時也可以做一些簡單的產褥體操，諸如深呼吸、縮肛、收小腹、抬腿等運動。產後除了要綁腹帶，親自哺乳也可促進子宮收縮、有助於早日恢復身材；飲食則在均衡營養的前提下注重熱量攝取的控制，同時可在產後第三週傷口癒合後，配合抬臀、縮臀、縮小腹等運動，要想早日恢復昔日苗條的身段，其實並非難事！

素食坐月子食材圖鑑

攝取均衡的營養，是素食媽媽坐月子飲食必須注意的第一要點。
以下是本書食譜中所使用、對產後婦女身體調養極有助益的食材，供您參考。

黃豆

松子

核桃

栗子

乾豆皮

腰果

南杏

整粒杏仁

有機嫩豆包（豆皮）

杏仁角

雪蓮子（又名雞豆、埃及豆）

米豆

黑豆腐．白豆腐

百頁豆腐

素鱈魚漿

長條麵筋

千張（乾百頁）

新鮮百合

方形油豆包

豆腸

素干貝絲

珊瑚草

素火腿

山藥

牛蒡

菱角

荸薺

白果

皇帝豆

長豆

黑麻油

麻油

香椿醬

紅糟

月桂葉

有機味噌

蘿蔔嬰

豌豆嬰

川七

紫蘇葉

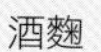
酒麴

黑麥汁

杜仲・六汗

桔餅

破布子

黃耆

紅棗

黑棗

荷葉

豆蔻

小麥胚芽

老薑

羊起司・ricotta cheese

奶油起司（cream cheese）

主菜

運用煮、燉、蒸、烤等各式料理手法，
讓不同食材恰到好處地融合為美好佳肴，
妳會發現，
原來坐月子也可以吃得這麼美味。

五彩素蔬

材料（6人份）

素火腿................150公克
黃玉米........................2根
毛豆 200公克
荸薺 20個
粉絲 1把
薑末 1大匙
香菇丁......................3/4杯
胡蘿蔔丁 1/2杯
生菜葉....................... 適量

調味料

醬油 1大匙
鹽...................... 1又1/4大匙
糖 1大匙
白胡椒粉 1小匙

荸薺

作法

1. 素火腿切丁。
2. 黃玉米用刀分兩次將玉米粒削下來。
3. 毛豆煮熟，切碎。
4. 荸薺去皮，切碎。
5. 鍋中放入 1.5 杯油，加熱至冒煙，放入粉絲，炸至膨脹立即翻面，將粉絲炸鬆即盛起，置於盤中。
6. 鍋中留 4 大匙油，先放薑末、香菇丁炒香，再加胡蘿蔔丁翻炒，加醬油拌炒片刻，再加素火腿丁、玉米粒、毛豆碎、荸薺碎，一起翻炒至湯汁收乾，加鹽、糖拌炒均勻，再加白胡椒粉拌勻，盛起置於粉絲上。
7. 生菜葉洗淨。以 1 片生菜葉包 1 大匙作法 6 餡料食用即可。

NOTE

1. 食材全部皆須切成如米粒般的大小。
2. 玉米粒不易剁碎，因此以整支玉米用刀分兩次將顆粒削下來，便可使玉米粒較細碎。

坐月子補給站

生菜葉又名萵苣，生食可保留最大量的維生素C，是適合產後食用的蔬菜。

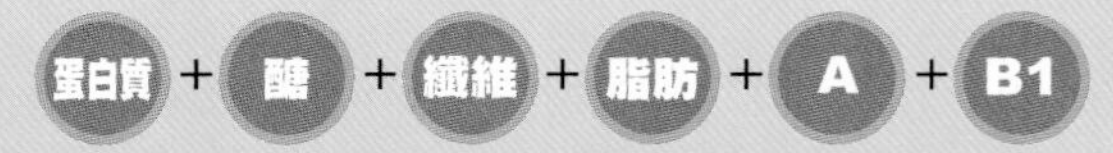

全素	蛋奶素	健康素
○	○	○

鑲番茄

材料（8人份）

紅番茄........................8個
嫩豆包...............100公克
白花椰菜...........100公克
洋菇....................80公克
菱角（或蓮子）........16個
玉米粒....................2/3杯
薑末......................1大匙

調味料A

鹽................................1小匙
糖................................1小匙
白胡椒粉..................1/4小匙

調味料B

糖................................1大匙
鹽.............................1/4小匙

菱角

作法

1. 紅番茄洗淨，從蒂頭處切除約 1 公分厚片，再從切開處將果肉挖出。
2. 嫩豆包撕碎。白花椰菜、洋菇洗淨，切小丁。
3. 菱角煮熟，切碎。
4. 鍋中放入 4 大匙油加熱，先放薑末炒香，再加嫩豆包翻炒，接著加入白花椰菜丁、洋菇丁、菱角碎、玉米粒、一半的番茄果肉，煮到湯汁收乾，加鹽、糖炒勻，再加白胡椒粉，熄火放涼，即成餡料。
5. 將挖空的番茄填滿餡料，排放在盤中。
6. 備妥蒸籠，待水沸騰後，將作法 5 移入蒸籠中蒸 10 ～ 15 分鐘。
7. 將另一半的番茄果肉切小丁，放入鍋中，再加入作法 6 的蒸汁，一起煮成濃稠的汁液，加調味料 B 拌勻，熄火，即成醬汁。
8. 將醬汁淋於盤上，再置放蒸好的鑲番茄即可。

坐月子補給站

番茄裡富含的茄紅素，可提升免疫力，並具有防癌功效；番茄煮熟後，可使蘊藏在細胞壁內的茄紅素更易釋放出來，被人體吸收。

全素	蛋奶素	健康素
○	○	○

燴豆腐丸子

炸豆腐丸子

材料（約可製作24個丸子）

硬豆腐（13×13公分）........2塊
香菇 15公克
荸薺 12個
山藥 100公克
胡蘿蔔碎 2大匙
油條 1/2根
薑末 1大匙

調味料A

醬油 1大匙
糖 1大匙

調味料B

鹽 1小匙
麻油 1/2大匙
胡椒粉 1/4小匙
麵粉 1大匙
玉米粉 1大匙

作法

1. 在豆腐上壓石頭或重物，將水分壓出；或裝入豆漿袋中將水分擠出。再將豆腐輾成泥。
2. 香菇泡軟，切碎。荸薺去皮，輕拍後切碎。山藥去皮蒸熟，壓成泥。油條切碎。
3. 鍋中加3大匙油加熱，先放薑末，加胡蘿蔔碎、香菇碎一起翻炒，再加調味料A炒勻，熄火放涼。
4. 將豆腐泥、荸薺碎、山藥泥、油條碎和作法3餡料一起放入盆中，加入調味料B攪拌均勻。
5. 鍋中放入1.5杯油，加熱到170℃，將作法4用手擠出一個個小丸子，放入鍋中，炸到金黃，撈起盛盤，即成炸豆腐丸子。

NOTE

炸豆腐丸子可直接食用，亦可燴煮成燴豆腐丸子，各有不同風味。

燴豆腐丸子

材料（4人份）

炸豆腐丸子......................12個
白果 20個
胡蘿蔔片 ....數片
黑木耳..............................適量
甜豆莢......................... 100公克
薑片 ....數片

調味料

麻油 1大匙
醬油 1大匙
鹽 ....適量
糖 ....適量
地瓜粉 1大匙

作法

1. 鍋中放入麻油加熱，再加薑片、白果、胡蘿蔔片、黑木耳和醬油，翻炒片刻，加入半杯水煮沸。
2. 接著加入甜豆莢、鹽、糖、地瓜粉水，放入炸豆腐丸子拌勻，即可盛盤。

坐月子補給站

甜豆莢及香菇含豐富的硫與纖維，硫與蛋白質的代謝有關，而水溶性纖維可幫助排便、降低膽固醇。

全素	蛋奶素	健康素
○	○	○

滷黃豆花生

材料（6人份）

黃豆..................200公克
花生..................100公克
乾海帶...............100公克
蒟蒻絲...............200公克
八角..........................2個
薑塊......................1大塊

調味料

油..........................2大匙
醬油.......................1/3杯
冰糖......................1大匙
水.............................4杯
鹽..........................1小匙

作法

1. 黃豆、花生洗淨，泡水6小時。
2. 煮沸一鍋水，熄火，放入乾海帶泡軟後，撈起切成長方塊。
3. 將黃豆、花生、海帶、蒟蒻絲、八角、薑塊及調味料放入鍋中，以大火煮沸，轉中小火，煮至黃豆變軟，約需1～1.5小時。煮的時候須不時添水，使水保持在可覆蓋材料的高度。

坐月子補給站

黃豆與花生皆含豐富蛋白質、脂肪與纖維，而花生更是促進乳汁分泌的食物。海帶則含豐富的碘，是甲狀腺的主要成分，與調節能量代謝有關。

蛋白質 + 纖維 + 鈣 + 碘 + B2

全素	蛋奶素	健康素
○	○	○

鹽酥素肉塊

材料（約可製作120公克）

乾素肉塊 100公克
太白粉 1小匙
黑胡椒鹽 .... 少許

調味料A

醬油 2大匙
糖 3/4大匙
麻油 1/2大匙
胡椒粉 1/4小匙

調味料B

地瓜粉 2大匙
麵粉 1.5大匙

作法

1. 乾素肉塊加水煮20分鐘，以冷水沖涼，擠乾水分，加調味料A醃1～2小時至入味，取出素肉塊，另加1小匙太白粉拌勻。
2. 調味料B混勻，將素肉塊一一沾裹均勻。
3. 鍋中放入2杯油加熱到冒煙，一一將素肉塊放入炸黃，盛起瀝油，再撒少許黑胡椒鹽，即成鹽酥素肉塊。

咖哩素肉塊

材料（8人份）

鹽酥素肉塊 120公克
馬鈴薯 800公克
胡蘿蔔 200公克
香菇 40公克
蘋果 1個
香蕉 .... 半根
腰果泥 .... 適量
薑片 .... 數片
八角 1個
月桂葉 2片
鮮奶（或 椰奶）........ 1.5杯

調味料

咖哩粉 3大匙
醬油 1大匙

作法

1. 馬鈴薯、胡蘿蔔去皮，切塊。香菇洗淨，泡軟。蘋果磨成泥。香蕉壓成泥。
2. 鍋中先加5大匙油加熱，放薑片炒香，再加馬鈴薯、胡蘿蔔、八角，以小火煎到馬鈴薯變軟，再加香菇翻炒片刻。
3. 接著加咖哩粉炒勻，再加醬油翻炒，加入鮮奶和3杯水、蘋果泥、香蕉泥、腰果泥、月桂葉，以小火煮約30分鐘。最後加入鹽酥素肉塊，煮沸即可熄火。

坐月子補給站

乾素肉塊是組織化的黃豆蛋白製品，富含蛋白質。馬鈴薯則含豐富澱粉質，可作為主食。

全素	蛋奶素	健康素
△ 請去除鮮奶，以素高湯代替	○	○

咖哩素肉塊

茄汁米豆

材料（4人份）

米豆..................120公克
番茄..................800公克
洋蔥..................100公克
洋菇..................100公克
薑片.........................數片
月桂葉.......................2片
豆蔻..........................5個

調味料

橄欖油...................2大匙
鹽.............................少許
糖..........................1大匙
地瓜粉......................少許

作法

1. 米豆泡水4小時。
2. 番茄用沸水稍微燙一下，沖冷水，去皮，切小丁。
3. 洋蔥洗淨，切小丁。
4. 洋菇洗淨，切薄片。
5. 鍋中放入橄欖油，加薑片、洋蔥炒香，再加洋菇翻炒片刻，放入米豆、番茄丁、月桂葉、豆蔻及3杯水，以中火煮約15～20分鐘，加入鹽、糖調味，另加少許地瓜粉水勾薄芡即可。

坐月子補給站

米豆含豐富蛋白質、醣與纖維。

全素	蛋奶素	健康素
△ 請去除洋蔥	△ 請去除洋蔥	○

材料（4人份）

皇帝豆......................200公克
山藥..........................150公克
新鮮百合.....................80公克
鴻禧菇......................100公克

調味料

橄欖油..........................2大匙
薑片.............................適量
鹽................................適量
地瓜粉...........................少許

作法

1. 皇帝豆洗淨，去皮。
2. 山藥去皮，切成如皇帝豆大小之長塊，浸泡鹽水備用。
3. 新鮮百合一片片剝開洗淨。
4. 鴻禧菇洗淨。
5. 鍋中加入橄欖油，先放薑片，再放入所有材料和 1 杯水，煮到皇帝豆變軟，加鹽調味，另加少許地瓜粉水勾薄芡即可。

NOTE

山藥去皮後，浸泡於鹽水中可防變色。一般來說，日本進口山藥是不會變色的，口感也較細膩，適合炒、生吃，但價格較高；台灣山藥較為經濟實惠，但纖維較日本山藥來得粗些，適合煮湯。

坐月子補給站

皇帝豆、山藥皆富含醣及纖維。菇類的纖維中，則含較多水溶性纖維，有助於降低膽固醇。

全素	蛋奶素	健康素
○	○	○

珍珠丸子

素鱈魚漿

材料（6人份）

素鱈魚漿............300公克
嫩豆包................300公克
香菇.....................20公克
胡蘿蔔細丁.............4大匙
薑泥.......................1大匙
荸薺........................12個
圓糯米.....................3/4杯
黑、白芝麻............各適量

調味料

醬油.............................1大匙
糖................................1大匙
鹽................................1小匙
胡椒粉...........................適量

作法

1. 圓糯米泡水4小時，瀝乾水分。
2. 素鱈魚漿、嫩豆包一起剁碎。荸薺去皮，切碎。
3. 香菇泡軟，剁碎。
4. 鍋中放入3大匙油加熱，先放香菇碎、胡蘿蔔細丁炒香，加醬油、糖翻炒片刻，熄火放涼。
5. 將素鱈魚漿、嫩豆包、荸薺碎和作法4混合，加鹽、胡椒粉、薑泥拌勻，再繼續攪拌一會兒。
6. 用手將作法5擠出如乒乓球大小的丸子，放在圓糯米上沾滿糯米，排列放置於蒸盤中，再撒些黑、白芝麻。
7. 備妥蒸籠，水沸騰後，放入丸子蒸10～15分鐘即完成。

NOTE

1. 蒸至八分熟時，在丸子上噴一次水，蒸出來的珍珠丸子才不會太乾。
2. 素鱈魚漿可用素火腿剁成泥代替。

坐月子補給站

素鱈魚漿的主要成分是黃豆蛋白；豆包亦富含蛋白質及油質。黃豆蛋白質屬於優良的植物蛋白質。

全素	蛋奶素	健康素
○	○	○

蒸南瓜豆腐

材料A（6人份）

有機傳統豆腐.............1塊
南瓜...................200公克
香菇.....................10公克
胡蘿蔔碎................1大匙
荸薺...........................6個
薑末......................... 適量

調味料

醬油..............................1大匙
鹽.....................................少許
胡椒粉...............................少許
玉米粉........................1.5大匙
太白粉...............................適量
麻油..................................適量

黑豆腐．白豆腐

材料B

新鮮香菇.................. 數朵
豌豆仁.....................1/3杯
胡蘿蔔片.................. 適量

作法

1. 將豆腐搗成泥。南瓜連皮帶籽蒸熟，再去皮去籽，壓成泥，與豆腐泥混合。
2. 香菇洗淨，切碎。荸薺去皮，切碎。
3. 鍋中放入2大匙油加熱，先放薑末，再加香菇碎炒香，續加胡蘿蔔碎拌炒片刻，再加醬油炒勻，熄火放涼後，與作法1混合。
4. 將荸薺碎、鹽、胡椒粉、玉米粉加入作法3中拌勻。
5. 取一容器抹油，填入作法4的餡料，表面抹平，放入蒸籠中蒸15分鐘，取出倒扣於盤上，即成南瓜豆腐。
6. 鍋中放入1大匙油加熱，先放新鮮香菇，再放豌豆仁、胡蘿蔔片，加少許鹽、水，待蔬菜煮軟後，加太白粉水勾芡、淋點麻油，熄火，淋在南瓜豆腐上即可。

NOTE

豆腐不要壓擠得太乾，蒸出來的豆腐質地會較為柔軟。

坐月子補給站

中國傳統豆腐含有優良的植物性蛋白及豐富鐵質。南瓜含豐富β胡蘿蔔素，此為抗氧化性營養素，可清除體內自由基，亦是促進乳汁的食物。

全素	蛋奶素	健康素
○	○	○

香椿百頁

NOTE

香椿醬作法：將新鮮香椿葉、鹽、油放入食物調理機中，攪打成泥狀。或用一小把新鮮香椿剁碎。

材料（4人份）

百頁豆腐 2條
香椿醬..................2大匙
枸杞 1大匙

調味料

醬油 1/2大匙
糖..........................1大匙
黑麻油..................2大匙
鹽........................1/4小匙

作法

1. 百頁豆腐先剖兩半，再切成0.5公分的薄片。
2. 鍋中放入黑麻油加熱，放入百頁豆腐，以中小火慢慢煎至百頁表面微黃。
3. 接著加入醬油、糖、鹽、香椿醬、枸杞，翻炒均勻，加入1杯水，以小火慢煮到湯汁快要收乾，即可熄火。

坐月子補給站

香椿富含維生素A。百頁則為黃豆製品，富含蛋白質、脂肪、鈣。

蛋白質 + 脂肪 + A + 鈣

全素	蛋奶素	健康素
○	○	○

味噌豆腐

材料(4人份)

有機豆腐	1盒
黑芝麻粉	適量
海苔	1包

調味料

味噌	1大匙
白芝麻粉	1大匙
油	1小匙
薑末	1小匙
九層塔末	1大匙
糖	1小匙
水	1大匙

作法

1. 將有機豆腐放在烤盤上。
2. 將全部調味料混合均勻，淋在豆腐上，再撒些黑芝麻粉。
3. 烤箱預熱，以210/190℃烤20分鐘，取出。
4. 將海苔撕碎，撒在烤好的豆腐上即可。

坐月子補給站

豆腐含優良蛋白質和鈣。海苔含碘。芝麻含油脂、鈣、鐵。

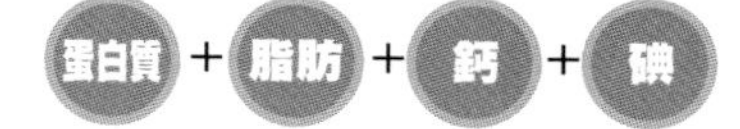

全素	蛋奶素	健康素
○	○	○

蔗蝦

材料A（8人份）

素火腿..............300公克
甘蔗段..3段（長10公分）
荸薺.........................8個
香菇碎.................2大匙
杏仁角.....................適量

材料B

生菜、九層塔、燙熟粉絲、蘋果片............各適量
太白粉...................... 少許
醬油、糖............各1小匙

調味料A

太白粉..........................1大匙
麵粉.............................1大匙
油.................................2大匙
胡椒粉............................少許

調味料B

醬油..........................1.5大匙
冷開水........................1.5大匙
糖.................................3大匙
醋.................................3大匙
鹽.................................1小匙
辣椒碎............................少許

杏仁角

作法

1. 甘蔗每段剖成4支，修掉邊成圓柱形，共12支，再抹一層乾太白粉。
2. 鍋中放入1大匙油加熱，先放香菇碎炒香，加1小匙醬油、1小匙糖，拌炒均勻，盛起。
3. 素火腿切碎、荸薺切碎，加入作法2中，加調味料A一起拌勻，分成12份，分別搓成約6公分的長條，壓扁。
4. 取1支甘蔗，用作法3包裹起來，再滾一層杏仁角。
5. 鍋中放入2碗油加熱至160℃，放入作法4炸至微黃，盛起。或是放入烤箱，以190℃烤15分鐘。
6. 調味料B混合均勻。
7. 取1片生菜，放適量九層塔、燙熟粉絲、蘋果片，再將炸好的蔗蝦去除甘蔗，一起放入生菜裡，淋1匙調味料B，包起來食用即可。

NOTE

可將甘蔗換成芋頭，食用時便不須去除。

坐月子補給站

素火腿為黃豆蛋白製品，富含蛋白質。甘蔗、粉絲及蘋果則含醣。

蛋白質 + 脂肪 + 醣

全素	蛋奶素	健康素
○	○	○

炒番茄豆包

材料（6人份）

嫩豆包..............300公克
紅番茄..............400公克
玉米..........................1支
薑末.........................適量

調味料

鹽..........................1小匙
糖..........................1大匙

作法

1. 嫩豆包切碎。
2. 紅番茄洗淨，切丁。
3. 玉米洗淨，用刀將玉米粒削下。
4. 鍋中放入3大匙油加熱，先放鹽、薑末炒香，再加入嫩豆包翻炒片刻。
5. 接著加入紅番茄、玉米，添入1杯水，翻炒到番茄呈糊狀，最後加糖調味即可。

坐月子補給站

豆包是浮在豆漿上的一層固狀物，富含蛋白質和油脂。

全素	蛋奶素	健康素
○	○	○

胡蘿蔔炒豆包

材料（6人份）

嫩豆包......................400公克
胡蘿蔔......................150公克
松子............................30公克
壽司海苔........................2片
薑末............................1小匙

調味料

奶油............................1大匙
鹽................................1小匙
黑胡椒粉........................適量

作法

1. 胡蘿蔔洗淨，去皮、切細絲。
2. 嫩豆包切絲，或用手撕碎。
3. 松子以乾鍋、小火炒香，盛起。
4. 鍋中放入3大匙油及奶油加熱，先炒胡蘿蔔絲、薑末，加蓋，以小火慢慢燜軟。煮的時候要掀蓋翻炒數次，使胡蘿蔔絲受熱均勻。
5. 接著加入嫩豆包、鹽、黑胡椒粉，慢慢翻炒片刻，至嫩豆包有些乾即可熄火。
6. 加入炒香的松子拌勻，盛盤，最後再撒些撕碎的海苔。

坐月子補給站

松子富含油脂，和胡蘿蔔一同食用，可使β胡蘿蔔素溶於油脂中，更易被人體吸收。

全素	蛋奶素	健康素
△ 請選用植物性奶油，或以蔬菜油取代	○	○

NOTE

炒這道菜時不要加水，將嫩豆包炒得鬆鬆乾乾的較美味，但注意勿將嫩豆包炒得過硬。

綜合豆汁素腦

材料（6人份）

綜合豆汁 500cc
在來米粉 2大匙
玉米粉........................2大匙
新鮮綠藻 1盒
洋菇 4朵
薑泥 1大匙

調味料

麻油 1大匙
糖 1/2小匙
鹽 1/2小匙
地瓜粉..........................1大匙
胡椒粉............................ 適量

綜合豆汁材料
（花生、南杏、黑豆、黃豆）

作法

1. 洋菇洗淨，切薄片。
2. 綜合豆汁放入鍋中，加在來米粉、玉米粉和1/4小匙鹽，一邊加熱、一邊不停的攪拌，直到煮沸即熄火。
3. 取一個大碗，在碗內薄抹一層油，趁熱將作法2倒入碗中，放涼。
4. 將炒鍋加熱，先放麻油、薑泥炒香，加洋菇片拌炒，再加3/4杯水、新鮮綠藻，煮沸，加地瓜粉水勾芡，加鹽、糖、胡椒粉，熄火。
5. 取一大盤，將作法3倒扣於盤中，再淋入作法4即可。

NOTE

新鮮綠藻可改為西洋菜剁碎。

坐月子補給站

綠藻含豐富蛋白質、纖維、維生素B2、C、E、鈣、鐵、葉綠素，可促進血液循環及新陳代謝。

蛋白質 + 葉綠素 + 綠藻精 + B群 + C

全素	蛋奶素	健康素
○	○	○

焗千層茄子

材料（6人份）

茄子 2條
番茄 600公克
毛豆 .... 適量
薑末 .... 適量
帕馬森起司 .... 適量
起司絲 .... 適量

調味料

糖 1小匙
鹽 .... 少許
羅勒 .... 適量
月桂葉 1片
鮮奶油 2大匙

月桂葉

NOTE

醬料可換為P.102的自製番茄醬。

作法

1. 茄子洗淨，切1公分薄片。
2. 平底鍋內放2大匙油加熱，放入茄片煎軟，盛起。
3. 煮沸一小鍋水，放入番茄燙1分鐘，撈起沖冷水，去皮、切成小丁。
4. 鍋中放入2大匙油加熱，先放薑末炒香，再放入番茄丁、月桂葉、1/2杯水，以中小火煮至濃稠狀，約需10分鐘。
5. 接著加入糖、鹽、毛豆、鮮奶油、適量帕馬森起司一起拌勻，熄火，即成醬料。
6. 將煎軟的茄片鋪一層在烤盤內，淋一層醬汁，再鋪一層茄片，淋一層醬汁，撒適量羅勒，最上面鋪一層起司絲，放入烤箱，以180/200℃烤20分鐘即可。

坐月子補給站

茄子、毛豆、番茄皆含豐富纖維。起司、鮮奶油富含蛋白質和鈣，但亦富含油脂，食用時宜適量。

全素	蛋奶素	健康素
╳	○	○

焗杏鮑菇

材料（4人份）

杏鮑菇..............200公克
白花椰菜...........200公克
起司絲..............100公克

調味料

奶油....................20公克
鮮奶........................1.5杯
麵粉...................1.5大匙
胡椒粉................1/4小匙
鹽........................1/2小匙
糖........................1/2小匙
鮮奶油...................2大匙

作法

1. 杏鮑菇洗淨，每朵撕成2或3條。
2. 白花椰菜洗淨，切小朵。
3. 水煮沸，放1/2小匙鹽（分量外），放入杏鮑菇、白花椰菜，燙煮2分鐘，撈起放入烤盤中。
4. 鍋中放入奶油加熱，將麵粉以小火炒到呈黃色，熄火，加入鮮奶攪拌均勻，再次開火，加入起司絲、鹽、糖、胡椒粉、鮮奶油，待起司絲融化後即熄火，淋在作法3上。
5. 烤箱預熱至200℃，放入作法4，烤25～30分鐘，至表面微黃即可。

坐月子補給站

杏鮑菇、白花椰菜富含纖維。鮮奶、起司、鮮奶油雖然營養，但所含飽和脂肪酸較高，不宜過量。

蛋白質 + 纖維 + 脂肪 + 醣 + 鈣

全素	蛋奶素	健康素
×	○	○

鑲烤柳橙

材料（4人份）

柳橙 4個
素火腿碎 3大匙
香菇末......................1.5大匙
嫩豆包..................... 1片切碎
白米飯.........................3大匙
玉米粒......................1.5大匙
起司絲.......................... 適量

調味料

鹽 .... 少許
胡椒粉........................... 少許

NOTE

柳橙果肉不需挖得太乾淨，烤出來的成品便會帶有一股柳橙香。

作法

1. 柳橙洗淨，從頂端橫切掉 1/5，用小刀將果肉挖出，但不必將果肉挖得太乾淨。
2. 鍋中放入 1/2 小匙油加熱，放入香菇末炒香，熄火放涼。
3. 將香菇末、嫩豆包、素火腿碎、白米飯、玉米粒、胡椒粉、鹽拌勻，即成餡料。
4. 將餡料塞入挖空的柳橙中，壓緊，上面撒一層起司絲，下面用鋁箔紙固定。
5. 烤箱預熱，放入作法 4，以 170/190℃烤 20 ～ 25 分鐘。

坐月子補給站

素火腿、嫩豆包、起司絲皆含蛋白質；後兩者亦富含鈣。

全素	蛋奶素	健康素
△ 請去除起司絲	○	○

圓圓滿滿

材料（4人份）

方形油豆包............8～10個
嫩豆包......................100公克
素火腿......................100公克
芹菜末..........................3大匙
炒熟白芝麻.....................適量
九層塔...........................適量

調味料A

醬油 1小匙
糖 1小匙
胡椒粉.......................1/4小匙
地瓜粉..........................1大匙
麻油 1小匙

調味料B

醬油 1大匙
糖 1.5大匙
金桔 4個
水.................................3/4杯
地瓜粉.......................1/4小匙
鹽 1/4小匙

方形油豆包

作法

1. 方形油豆包用剪刀由對角剪開。
2. 嫩豆包、素火腿剁碎。
3. 將芹菜末、嫩豆包、素火腿和調味料A混合拌勻。
4. 將作法3分別裝填入油豆包中。
5. 鍋中放入1大匙油加熱，放入作法4，以小火煎至表面微硬，加調味料B，以小火煮到汁微乾，再加白芝麻、九層塔拌勻即可。

坐月子補給站

方形油豆包、嫩豆包、素火腿皆為黃豆製品，富含蛋白質；而油豆包、嫩豆包及芝麻亦富含鐵、鈣及油脂。

蛋白質＋脂肪＋鈣＋鐵

全素	蛋奶素	健康素
○	○	○

高麗菜捲．百頁捲

材料（4人份）

乾百頁（千張）....80公克
高麗菜葉..................4片
荸薺碎....................1/2杯
芹菜末....................1/4杯
香菇丁....................1/2杯
菠菜葉剁碎...............4片

調味料A

小蘇打粉...........1/2小匙
水.............................6杯

調味料B

麻油..........................1大匙
胡椒粉....................1/2小匙
地瓜粉......................2大匙
糖.............................1小匙
鹽..........................1/2小匙

調味料C

素高湯.........................1杯
鹽..........................1/2小匙
糖..........................1/2小匙
地瓜粉....................1/4小匙

乾百頁（千張）

NOTE

乾百頁（千張）須浸泡小蘇打水方能軟化。小蘇打粉與水的比例請務必依照食譜配方。

作法

1. 將調味料A的水煮沸，加入小蘇打煮融，熄火，加入乾百頁，泡到呈乳白色且變軟，用清水洗淨。
2. 選4張形狀完整的百頁留下備用，其餘剁碎。
3. 高麗菜葉放入沸水中燙一下，取出。
4. 鍋中放入1大匙油加熱，放入香菇丁炒香。
5. 將剁碎的百頁、炒香的香菇丁加荸薺碎、芹菜末、調味料B，一起拌勻，分成8份。
6. 取1片百頁，包捲一份作法5。同樣取1片高麗菜葉，包捲一份作法5。依此方式完成4個百頁捲、4個高麗菜捲，排列於盤上，覆蓋保鮮膜。
7. 備妥蒸籠，水煮沸後，放入百頁捲、高麗菜捲，以大火蒸20分鐘。蒸汁倒出備用。
8. 鍋中放入1大匙油加熱，加入菠菜葉碎，作法7的蒸汁和調味料C混合，煮沸，倒於盤內，再擺放百頁捲、高麗菜捲即可。

坐月子補給站

高麗菜、菠菜、香菇丁、芹菜末等蔬菜富含纖維。百頁為黃豆製品，富含蛋白質。

蛋白質＋脂肪＋纖維

全素	蛋奶素	健康素
○	○	○

素鰻

材料（4人份）

素干貝絲...................1罐
馬鈴薯...............200公克
嫩豆包...............100公克
薑泥..........................適量
紫菜.......................1.5片
黑、白芝麻...............適量
檸檬..........................半個

調味料

醬油.......................1大匙
水...........................1大匙
冰糖.......................2大匙
醋.......................1.5大匙
鹽.......................1/2小匙
地瓜粉...............1/2小匙
薑泥...................1/2小匙

作法

1. 馬鈴薯削皮，磨成泥。嫩豆包剁碎。
2. 素干貝絲、馬鈴薯泥、嫩豆包碎、薑泥混合拌勻，分成3份。
3. 將完整1張紫菜對半剪，如此共有3片紫菜，各鋪放1份作法2抹平，邊緣約留1公分，上面撒些芝麻。
4. 鍋中放入3大匙油加熱，放入作法3，以中小火煎至兩面變黃，盛起切小塊，盛盤。
5. 將全部調味料放入小鍋中混合煮沸，淋在作法4上，盤邊放些檸檬片，食用時擠檸檬汁搭配。

坐月子補給站

紫菜含碘。芝麻含鈣。素干貝絲為黃豆製品，富含蛋白質。

蛋白質 + 醣 + 鈣 + 鐵 + 碘

全素	蛋奶素	健康素
○	○	○

三色南瓜豆腐

材料（4人份）

南瓜……450公克
嫩豆腐……1盒
豌豆仁……1/4杯
薑片……5片

調味料

醬油……1/2小匙
鹽……1小匙
胡椒粉……少許

作法

1. 南瓜去皮去籽，切小塊。
2. 嫩豆腐切塊。
3. 鍋中放入2.5大匙油加熱，先放薑片爆香，再放南瓜塊，以小火慢慢煎至軟爛。
4. 接著加入醬油，用鍋鏟將南瓜壓成泥，再加3/4杯水拌勻。
5. 最後加入嫩豆腐、豌豆仁、鹽、胡椒粉，煮沸後即可盛盤。

NOTE

食用前可撒些香菜碎。

坐月子補給站

南瓜、豌豆仁富含澱粉及纖維，南瓜更擁有豐富β胡蘿蔔素，可在人體內轉變為維生素A。嫩豆腐則含植物性優良蛋白質。

全素	蛋奶素	健康素
○	○	○

炒嫩豆包破布子

材料（4人份）

嫩豆包..........300公克
嫩薑...............30公克
破布子..............3大匙
九層塔................適量
炒熟白芝麻.........適量

調味料

黑麻油..............3大匙
醬油................1大匙
鹽.......................少許
蜂蜜..............1/2大匙

作法

1. 嫩豆包用手撕成小塊。
2. 嫩薑洗淨，切細絲。
3. 鍋中放入黑麻油加熱，放入薑絲炒香，再放嫩豆包，以中小火翻炒片刻，至豆包微乾。
4. 接著加入醬油、破布子、1/2杯水，煮到湯汁收乾，再加入九層塔、鹽及蜂蜜拌勻，盛盤，撒些白芝麻即可。

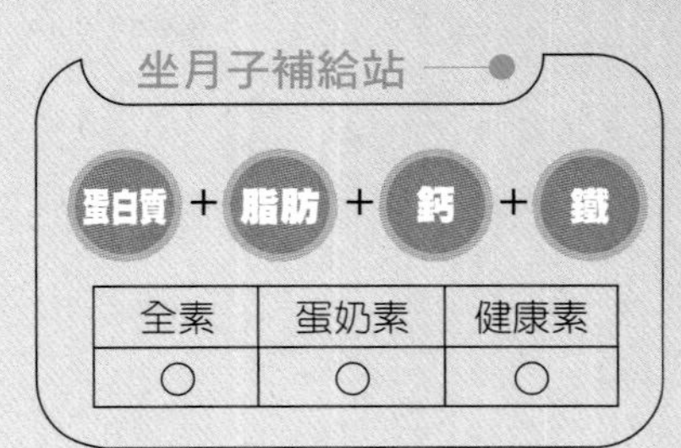

全素	蛋奶素	健康素
○	○	○

乾煸麵筋

材料（4人份）

長條麵筋 .. 350公克（約3大條）
嫩薑絲 .... 適量
黑芝麻 1大匙
紅辣椒 1支
九層塔 .... 適量

調味料

醬油 3大匙
鹽 1/2小匙
糖 1/2小匙

作法

1. 麵筋用手撕成片狀。
2. 鍋中放入3大匙油加熱，放入麵筋、薑絲，以小火將麵筋煎黃。
3. 接著放入黑芝麻，翻炒數下後，加入全部調味料，再翻炒片刻，添入4大匙水，加蓋以小火燜煮，直到水分收乾。
4. 紅辣椒去籽、切絲，與九層塔一起加入作法3中，拌炒數下，即可熄火。

坐月子補給站

麵筋為麵粉的蛋白質，因缺乏離氨酸（一種必需氨基酸），可與黃豆製品一起食用，便可提升麵筋蛋白質的營養價值。

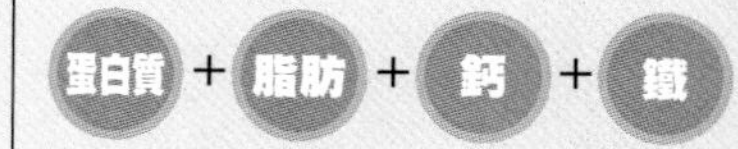

全素	蛋奶素	健康素
○	○	○

Part 2

配菜

只需汆燙、涼拌、快炒等簡單料理手法，

加上品質優良的天然食材，

充分展現蔬菜自然而獨特的口感與滋味，

可以促進素食媽媽的食慾。

芝麻牛蒡

材料（4人份）

牛蒡.........300公克
白芝麻..........4大匙
黑芝麻.............少許

調味料

蜂蜜.............1大匙
醋.................1大匙
淡醬油..........1小匙
鹽..............1/2小匙

NOTE

1. 用乾淨鐵刷在牛蒡外皮刷一下，即可去皮。
2. 因坐月子婦女不宜食用冰冷食物，因此食用前須先將牛蒡取出回溫。

作法

1. 牛蒡去皮，先切成5公分長段，再切半，用刀背拍鬆。
2. 煮沸一鍋水，加1小匙鹽（分量外），放入牛蒡，再度煮沸時即撈起，以冷水沖涼。
3. 黑、白芝麻一起用乾鍋炒熟，再用調理機打成粉狀。
4. 將牛蒡、芝麻粉和全部調味料一起拌勻，移入冰箱冷藏保存，食用前取出，待回溫後食用。

坐月子補給站

牛蒡含大量纖維。芝麻則含油脂、鈣、鐵。皆有通便效果。

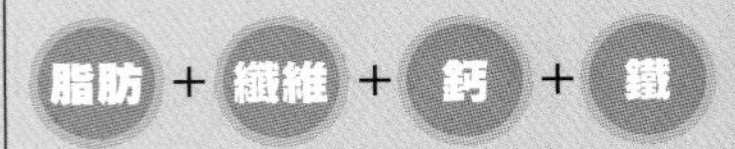

全素	蛋奶素	健康素
○	○	○

奶油芥末西芹

材料（4人份）

西洋芹......300公克
山葵泥..........1小匙
白芝麻..........1大匙

調味料

鮮奶..............1/2杯
玉米粉..........1小匙
鹽..................1小匙
糖..............1.5小匙
奶油.............1大匙

作法

1. 西洋芹洗淨，去除粗絲，切長條。
2. 煮沸一小鍋水，加1小匙鹽（分量外），放入西洋芹汆燙一下，撈起沖冷水，盛盤。
3. 將全部調味料放入小鍋中混合加熱，煮沸後即熄火，降至微溫時加入山葵泥，再撒白芝麻拌勻，即成醬料。
4. 將醬料澆淋在西洋芹上即可。

坐月子補給站

西洋芹富含纖維。鮮奶則含蛋白質、脂肪、乳糖、維生素B2及鈣。

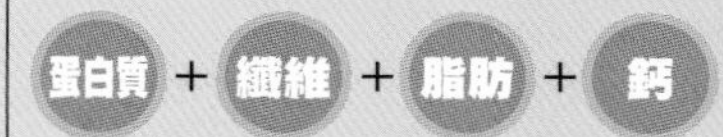

全素	蛋奶素	健康素
×	○	○

紫蘇藕片

材料（2人份）

嫩蓮藕...........200公克
新鮮紫蘇葉............2片
紫蘇梅...................8個

調味料

麻油 .... 適量
紫蘇梅汁 2大匙
鹽 .... 少許

作法

1. 蓮藕洗淨，切薄片。
2. 紫蘇葉洗淨，切細絲。
3. 煮沸一鍋水，放入藕片汆燙10秒鐘，撈起沖冷水，盛盤。
4. 將全部調味料、紫蘇葉、紫蘇梅一起加入藕片中拌勻即可。

NOTE

1. 蓮藕切得愈薄愈好。
2. 蓮藕不可汆燙過久，以免失去口感。

坐月子補給站

蓮藕為富含醣的根莖類，且含纖維。

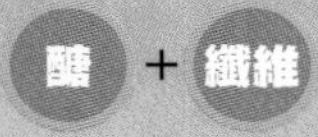

全素	蛋奶素	健康素
○	○	○

涼拌珊瑚草

材料（1人份）

乾珊瑚草......20公克
薑末................1小匙
紅甜椒絲.......... 適量
檸檬汁.............. 少許

調味料

蘋果醋............1大匙
鹽...................... 適量
麻油............1/4小匙
蜂蜜.................. 適量

作法

1. 在清水中加檸檬汁，放入乾珊瑚草浸泡 12 小時。
2. 撈起泡好的珊瑚草，用少許鹽（分量外）搓洗一下，再用水沖淨，切小塊，盛盤。
3. 將全部調味料調勻，再加入薑末攪拌，淋在珊瑚草上拌勻，再撒紅甜椒絲即可。

NOTE

1. 乾珊瑚草先以添有檸檬汁的清水浸泡，可去腥味。
2. 蘋果醋可換為檸檬汁或紫蘇梅汁。

坐月子補給站

珊瑚草富含纖維與鈣。這道菜的熱量很低。

全素	蛋奶素	健康素
○	○	○

黃芥末綠花菜

材料（1人份）

綠花椰菜..........100公克
素肉鬆.....................適量

調味料

黃芥末..................1大匙
鮮奶..................1.5大匙
糖..........................1小匙
鹽.............................少許

作法

1. 綠花椰菜去除硬梗，洗淨，切小朵。
2. 煮沸一鍋水，加少許鹽、油（分量外），放入綠花椰菜汆燙片刻，撈起，盛盤。
3. 將全部調味料混合拌勻，澆淋在綠花椰菜上，再撒些素肉鬆即可。

坐月子補給站

綠花椰菜為十字花科綠色蔬菜，富含β胡蘿蔔素，可在體內轉為維生素A。此外也含微量元素硒，有助於清除自由基，並提升免疫力。

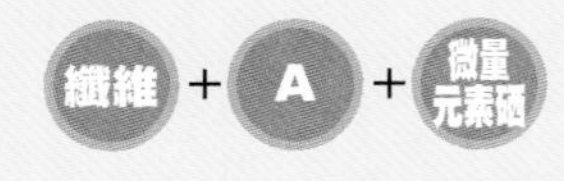

全素	蛋奶素	健康素
△ 請去除鮮奶，以素高湯代替	○	○

汆燙川七

材料（1人份）

川七 300公克
枸杞 .... 適量
薑末 .... 適量

調味料

麻油 1小匙
醬油 1/2小匙
糖 1/4小匙

NOTE

1. 川七不可汆燙過久，且以現煮現吃為宜。
2. 亦可換為地瓜葉、紅莧菜、菠菜、A菜、芥蘭菜等深綠色葉菜類。

作法

1. 川七洗淨。
2. 煮沸一鍋水，放入川七汆燙約3秒鐘，立即撈起，盛盤。
3. 枸杞也放入沸水中，燙煮約20秒鐘，撈起置於川七上。
4. 將全部調味料和薑末拌勻，淋在川七上即可。

坐月子補給站

川七為溫性蔬菜，極適合產後食用，除富含纖維外，更有豐富維生素A。其他如地瓜葉、菠菜、紅莧菜、A菜、芥蘭菜等，同樣都是適合產後食用的蔬菜。

纖維 + A

全素	蛋奶素	健康素
○	○	○

炒雙脆

NOTE

綠豆芽、山藥絲要快炒烹調，以保持爽脆口感。

材料（4人份）

山藥..................200公克
綠豆芽...............200公克
香菇....................20公克
豆干..................120公克
胡蘿蔔絲
（或紅甜椒絲）..........少許
薑末.........................適量
香菜.........................適量

調味料

麻油......................2大匙
醬油.........................適量
鹽.............................適量
蜂蜜.........................適量

作法

1. 山藥洗淨、去皮、切細絲，放入醋水中浸泡。
2. 綠豆芽掐頭去尾，洗淨。香菇泡軟，切細絲。
3. 豆干先各橫剖成 4 片，再切細絲。
4. 鍋中放入麻油、薑末加熱，先炒香菇絲，放入豆乾絲拌炒，再加胡蘿蔔絲翻炒片刻，加入醬油及鹽、蜂蜜拌炒均勻。
5. 接著加入綠豆芽、山藥絲和半杯水翻炒一下，熄火，盛盤，最後撒些香菜即可。

坐月子補給站

豆干為黃豆製品，富含蛋白質。山藥富含醣、纖維。綠豆芽富含纖維及維生素C。

全素	蛋奶素	健康素
○	○	○

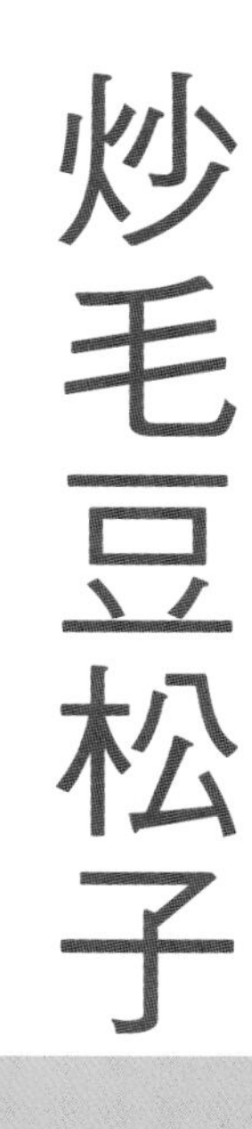

炒毛豆松子

材料（4人份）

毛豆........................300公克
枸杞............................1大匙
乾香菇.......................20公克
松子........1/2杯（約50公克）

調味料

花椒粒.........................1小匙
八角.............................半個
薑末.............................1大匙
鹽.................................少許
蜂蜜.............................適量
黑胡椒粉.......................少許

作法

1. 毛豆洗淨。枸杞浸泡冷開水。香菇泡軟，切丁。
2. 鍋子加熱，以中小火乾炒松子，要不停的翻動，直到松子微黃，盛起。
3. 鍋中放入1大匙油加熱，放入花椒粒，以小火炒到花椒香味散出，撈除花椒粒。
4. 接著將八角、薑末、鹽放入作法3的油中，稍加翻炒一下，放入香菇丁炒香，再加入毛豆和3/4杯水，煮到毛豆變軟且水分收乾，加入蜂蜜、黑胡椒粉拌勻，熄火，裝入盤中，再撒松子、枸杞即可。

坐月子補給站

毛豆的營養非常豐富，含蛋白質、脂肪、醣、纖維與維生素B1等。而香菇所含之水溶性纖維則有助於降低膽固醇。

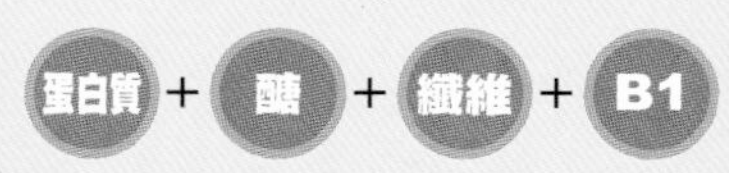

全素	蛋奶素	健康素
○	○	○

炒蘿蔔嬰

材料（4人份）

蘿蔔嬰..............200公克
金針菇..............100公克
嫩豆包..............100公克
薑末.....................1大匙
甜紅椒絲.................少許

調味料

鹽...........................少許
糖...........................少許
胡椒粉.....................少許

作法

1. 蘿蔔嬰洗淨，切小丁。
2. 金針菇切除尾端，洗淨，切 3 公分小段。
3. 嫩豆包切小丁。
4. 鍋中放入 2 大匙油加熱，先放薑末炒香，再加嫩豆包炒黃，加金針菇、蘿蔔嬰、鹽、糖、胡椒粉炒勻，盛盤，再撒甜紅椒絲即可。

坐月子補給站

種籽發芽長出之芽苗，如蘿蔔嬰、綠豆芽等，含大量維生素C，綠色葉菜更富含維生素A。

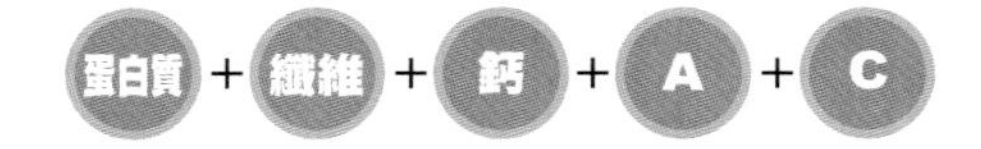

全素	蛋奶素	健康素
○	○	○

素肉絲炒金針筍

材料（1人份）

素肉絲..................10公克
金針筍..................40公克
香菇..........................2個
嫩薑絲...................... 適量

調味料A

醬油....................1/2小匙
麻油....................1/4小匙
地瓜粉.................1/4小匙
糖............................. 少許

調味料B

鹽........................1/4小匙

作法

1. 素肉絲浸水泡軟，約 10 分鐘，擠乾水分，加調味料 A 拌勻，醃約 30 分鐘。
2. 金針筍洗淨，切細絲。
3. 香菇浸水泡軟，切薄片。
4. 鍋中放入 1 小匙油加熱，先炒香嫩薑絲，放入香菇翻炒，再加入醃好的素肉絲翻炒，最後加入金針筍絲、鹽、2 大匙水，翻炒數下即可。

坐月子補給站

素肉絲為黃豆蛋白製品，富含蛋白質。金針筍則富含纖維。

全素	蛋奶素	健康素
○	○	○

瓠瓜絲餅

材料（4人份）

瓠瓜..................600公克
中筋麵粉...........100公克
香菜碎......................適量

調味料

油..........................2大匙
鹽.......................1/4小匙
胡椒粉...............1/2小匙
糖.......................1/2小匙

作法

1. 瓠瓜去皮，刨成細絲，加 1/4 小匙鹽（分量外）醃約 30 分鐘，擠除汁液（不要擠太乾）。
2. 將中筋麵粉、全部調味料、香菜碎加入瓠瓜絲中拌勻，分成 12 份，分別壓成 0.5 公分厚的瓠瓜餅。
3. 平底鍋加熱，倒入 2 大匙油，放入瓠瓜餅，以中小火慢慢煎至兩面變黃，即可盛盤。

坐月子補給站

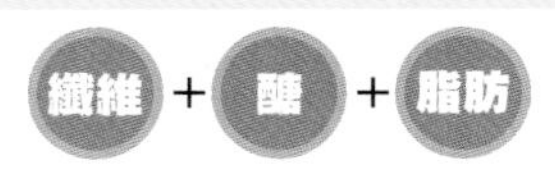

全素	蛋奶素	健康素
○	○	○

焗羅勒馬鈴薯泥

材料（1人份）

馬鈴薯……1個（約200公克）
奶油……1小匙
羅勒（或九層塔）……適量
起司絲……適量

調味料

鹽……少許
黑胡椒……少許

作法

1. 馬鈴薯洗淨，蒸熟後去皮，搗成泥。
2. 將奶油、鹽、黑胡椒加入馬鈴薯泥中拌勻，放入小烤皿中，撒些羅勒，再鋪一層起司絲。
3. 將小烤皿放入烤箱中，以170/190℃烤15～20分鐘，至起司變色即可。

坐月子補給站

全素	蛋奶素	健康素
×	○	○

番茄燴花椰菜

材料（4人份）

白花椰菜..500公克
紅番茄......450公克
黃玉米..............1根
薑片 ....適量

調味料

糖.................1大匙
鹽.................1小匙

作法

1. 白花椰菜去硬皮，切小朵，洗淨。
2. 紅番茄洗淨，去蒂，切塊。
3. 黃玉米洗淨，用刀削下玉米粒。
4. 鍋中放入3大匙油加熱，先炒香薑片，放入花椰菜、番茄塊、玉米粒翻炒，再加入糖、鹽及3/4杯水，煮到湯汁微乾即可。

坐月子補給站

全素	蛋奶素	健康素
○	○	○

芝麻醬淋茄子長豆

材料（1人份）

茄子 2條
長豆 3根
熟白芝麻 .... 適量

調味料

芝麻醬............1大匙
麻油 1/2小匙
醬油 1/2小匙
糖 1/2小匙
醋 1/4小匙
薑末 .... 適量
花椒粉.........1/8小匙
開水 1大匙

作法

1. 茄子洗淨，剖成兩段。長豆洗淨。
2. 將茄子與長豆放在盤中，放入蒸籠蒸10分鐘，至茄子變軟，取出切段，盛盤。
3. 將全部調味料混合拌勻，澆淋在茄子、長豆上，再撒些熟白芝麻即可。

坐月子補給站

茄子、長豆富含纖維。芝麻、芝麻醬、麻油則皆含油脂。

全素	蛋奶素	健康素
○	○	○

Part 3

湯品

以滋補養身的中藥材，加上豐富的蔬食素料，

熬煮出一鍋鍋風味絕佳的湯品，

無論是藥膳、清湯或濃湯，

都能讓素食媽媽喝到最豐富的營養。

四神湯

四神藥材

NOTE

四神藥材可於中藥行購買。

材料（2人份）

四神藥材........1份
黑麥汁（或素高湯）........................1瓶
豆腸.......150公克
山藥.......200公克
薑...................2片
鹽..................適量

作法

1. 四神藥材的芡實、薏仁先泡水。
2. 豆腸切3公分小段。鍋中放入3大匙油加熱，放入豆腸煎黃，盛起。
3. 山藥刷淨外皮，切塊。
4. 取電鍋內鍋，放入四神藥材、豆腸、山藥塊、黑麥汁、薑片，再加2杯水於鍋內，加蓋，再移入電鍋中，外鍋放2杯水，依一般程序烹煮。
5. 食用時視個人喜好酌加鹽調味。

坐月子補給站

四神藥材皆富含纖維及醣，其中薏仁具有促進子宮收縮的功效，亦有助於惡露排出。豆腸則為黃豆製品，富含蛋白質和脂肪。

蛋白質 + 脂肪 + 醣 + 纖維 + 鈣

全素	蛋奶素	健康素
○	○	○

麻油湯

材料（2人份）

素肉塊............100公克
香菇（小）..........20公克
黑棗....................12粒
黃耆..................20公克
老薑片................50公克
米酒......................4杯
枸杞..................10公克
黑麥汁（或素高湯）
...............................1瓶

調味料

黑麻油.............2.5大匙
鹽..........................少許

作法

1. 素肉塊用熱水煮軟，沖冷水備用。香菇泡軟。
2. 鍋中放入黑麻油加熱，以小火炒香老薑片，至薑片微乾，加入米酒，煮沸後轉小火，點火將酒精燃燒，直到火熄滅，再加入素肉塊、香菇拌炒，再度煮沸後繼續讓湯汁沸騰片刻。
3. 接著加入黑麥汁、黑棗、黃耆、枸杞、1杯水，煮約 30 分鐘，加鹽調味即可。

NOTE

可添入煮熟的麵線，即成麻油麵線。

坐月子補給站

黑麻油是由黑芝麻提煉，富含必需氨基酸，可促進子宮收縮，幫助惡露排出，但不宜過量。

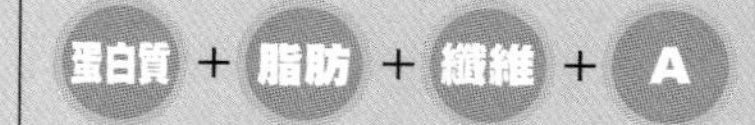

全素	蛋奶素	健康素
○	○	○

十全大補湯

NOTE

十全大補湯藥材可於中藥行購買。

材料（8人份）

十全大補湯藥材 1份
素雞 ... 1隻（約450公克）
乾香菇（小）........... 20朵
胡蘿蔔................100公克
腰果 60公克
栗子 12個
紅棗 20個
黑麥汁....................... 1瓶
薑片 .... 適量

調味料

麻油 2大匙
鹽............................. 適量

作法

1. 將十全大補湯藥材放於電鍋內鍋，加黑麥汁和 8 杯水，移入電鍋中，外鍋加 2 杯水，依一般程序烹煮，待開關跳起後，濾除藥渣。
2. 香菇洗淨，泡軟。栗子泡軟，去硬邊。胡蘿蔔洗淨，切塊。
3. 鍋內放入麻油加熱，將薑片炒香即盛起，加入作法 1 的湯汁中。
4. 接著將香菇、栗子、胡蘿蔔、紅棗、腰果、素雞也放入湯汁中，外鍋再加 2 杯水，加適量鹽，再次烹煮。
5. 將素雞取出切塊，連同湯料一起食用。

坐月子補給站

十全大補湯藥材含有多種人體必需的微量元素。這道湯品可以補充產後的體力與元氣。

全素	蛋奶素	健康素
○	○	○

補肝湯

材料（5日份）

當歸 100公克
黃耆 100公克
黨參 100公克
桂圓 150公克
紅棗 150公克
枸杞 150公克
桂枝 .... 少許
甘草 .... 少許

補肝湯藥材

作法

1. 將所有材料放入鍋中，加 20 杯水煮沸。
2. 接著轉小火續煮 2 ～ 3 小時，熄火，將湯汁濾出，分 5 天喝完。

坐月子補給站

中藥材中的當歸、黃耆、黨參等，含豐富微量元素礦物質，可使人體中的抗氧化酵素順利作用，修復細胞的損傷。

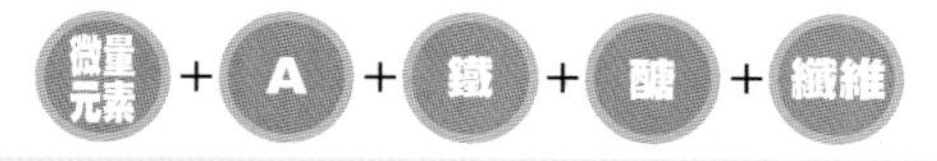

全素	蛋奶素	健康素
△	△	○

杜仲栗子湯

材料（6人份）

杜仲……25公克
六汗……25公克
栗子……12粒
腰果……50公克
山藥……200公克
鴻禧菇……50公克
紅棗……少許
薑片……數片
素高湯……8杯

調味料

麻油……適量
鹽……少許

栗子

作法

1. 栗子泡軟，去硬殼。
2. 山藥去皮，切塊。
3. 將所有材料放入鍋中，煮沸，轉中小火續煮 40 分鐘。
4. 最後加入麻油、鹽調味，即可熄火。

坐月子補給站

紅棗富含鐵質。杜仲則是適合產後食用的中藥材，可治腰痠。

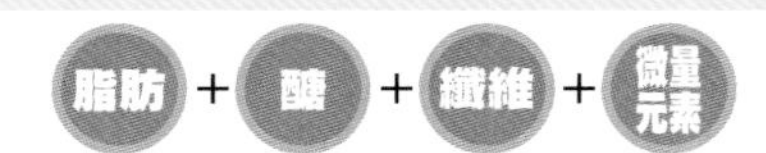

全素	蛋奶素	健康素
○	○	○

牛蒡山藥湯

材料（2人份）

牛蒡 100公克
山藥 150公克
紅棗 10個
杏鮑菇（或洋菇）........50公克
薑片 3片

調味料

鹽 .... 少許
麻油 .... 少許

作法

1. 牛蒡洗淨，切薄片。
2. 山藥去皮，切塊。
3. 杏鮑菇洗淨，撕成長條。
4. 將全部材料放入鍋內，加 4 杯水煮沸，轉中小火再續煮 20 分鐘。
5. 最後加入麻油、鹽調味即可。

紅棗

坐月子補給站

牛蒡、菇類皆富含纖維，而菇類所含之水溶性纖維，對降低膽固醇尤其有益。

全素	蛋奶素	健康素
○	○	○

雪蓮蘑菇湯

材料（4人份）

雪蓮子............. 100公克
黃玉米..................... 2根
新鮮香菇............ 80公克
奶油 30公克
地瓜粉..................1小匙

調味料

鹽..........................1小匙
黑胡椒粉 .... 少許

作法

1. 雪蓮子泡水 3 小時。將泡好水的雪蓮子放入鍋中，加 1.5 杯水，以中火煮軟，約需 30 分鐘。
2. 將煮軟的雪蓮子放在冷水中，去除外皮，放入調理機，加 1.5 杯水打成泥。
3. 將黃玉米粒削下來，放入調理機中，加 1.5 杯水打成泥，濾除渣滓。
4. 新鮮香菇洗淨，切薄片。
5. 將雪蓮泥、玉米泥、香菇片放入鍋中，煮沸，煮的時候須不斷攪拌。
6. 接著加入奶油、地瓜粉水，攪拌均勻，再加鹽、黑胡椒粉即可。

坐月子補給站

雪蓮子、黃玉米皆富含醣及纖維。

全素	蛋奶素	健康素
△ 奶油請換為植物油	○	○

百合翡翠濃湯

材料（4人份）

- 豌豆仁......................300公克
- 腰果..........................50公克
- 洋菇..........................50公克
- 新鮮百合....................50公克
- 橄欖油........................1大匙
- 素高湯............................6杯

調味料

- 玉米粉........................1小匙
- 黑胡椒粉........................少許
- 鹽..................................少許
- 鮮奶油........................2大匙

作法

1. 腰果泡軟。
2. 洋菇洗淨，切薄片。
3. 將豌豆仁、腰果、素高湯放入調理機中打成泥，倒入鍋中，加洋菇片、鹽煮沸。
4. 百合一片片剝下洗淨，放入湯汁中再次煮沸。
5. 玉米粉先加 1/4 杯水調勻，倒入湯汁中勾芡，再加橄欖油、黑胡椒粉拌勻，熄火。
6. 將濃湯盛入湯碗中，淋上鮮奶油即可。

坐月子補給站

豌豆仁富含醣類及纖維。腰果富含蛋白質、脂肪、纖維、維生素E及多種礦物質。橄欖油則含單元不飽和脂肪酸，有助於心血管的健康。

蛋白質 + 脂肪 + 醣 + 纖維 + E

全素	蛋奶素	健康素
△ 鮮奶油請去除	○	○

南瓜湯

材料（4人份）

南瓜……500公克
素高湯…………2杯
鮮奶……………2杯
洋菇………80公克
乾海帶…………1段
（約10公分長）
小麥胚芽….1大匙

調味料

鹽……………1小匙
奶油………30公克
胡椒粉…………少許
鮮奶油……..2大匙

作法

1. 南瓜洗淨，去籽，切塊，放入電鍋中蒸熟。
2. 乾海帶用開水泡軟，洗淨，切成細絲。
3. 洋菇洗淨，切薄片。
4. 將蒸熟的南瓜、2杯水、鮮奶、素高湯放入調理機中打成泥，倒入湯鍋中。接著加入海帶絲、洋菇片、奶油、鹽，以中小火煮沸，熄火。加熱時要不停攪拌。
5. 將南瓜湯盛入湯碗中，再加胡椒粉、鮮奶油、小麥胚芽即可。

NOTE

1. 南瓜皮營養豐富，只需洗淨即可，不需去皮。
2. 以蒸熟的南瓜打成泥煮濃湯，會比使用生南瓜的風味更佳。

坐月子補給站

小麥胚芽富含維生素B群、E。海帶富含碘，為甲狀腺成分，有助於調節人體能量代謝。

蛋白質 + 脂肪 + A + B群 + E

全素	蛋奶素	健康素
△ 鮮奶請換為素高湯，並去除鮮奶油	○	○

花椰菜濃湯

材料（4人份）

白花椰菜..........300公克
山藥（或馬鈴薯）
........................300公克
新鮮香菇................適量
鮮奶........................1杯
黑芝麻.....................適量

調味料

橄欖油..................1/4杯
鹽........................1/2大匙
黑胡椒粉................少許
素高湯......................4杯

作法

1. 白花椰菜洗淨，去硬皮。山藥去皮，切小塊。新鮮香菇洗淨、切片。
2. 湯鍋中放入橄欖油加熱，放入山藥塊，以中小火炒到山藥微軟，再放入白花椰菜、鮮奶，煮到白花椰菜變軟，熄火放涼。
3. 將作法2全部倒入調理機中，加入素高湯，打成泥，倒回湯鍋內。
4. 接著加入新鮮香菇，煮沸，加鹽、黑胡椒粉拌勻，熄火，撒黑芝麻即可。

坐月子補給站

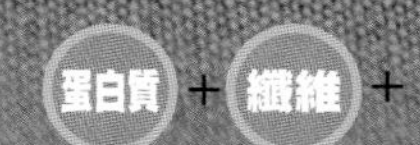

全素	蛋奶素	健康素
△ 鮮奶請換為素高湯	○	○

大如意湯

材料（4人份）

黃豆芽............300公克
番茄.......................2個
豆腐.......................1盒
杏鮑菇............200公克
紅棗.....................12個
薑片.....................適量

調味料

麻油.....................少許
鹽.........................少許
白胡椒粉..............少許

作法

1. 黃豆芽掐去尾端，洗淨。杏鮑菇洗淨，用手撕成細絲。
2. 番茄洗淨，切塊。豆腐切塊。
3. 將除了豆腐之外的全部材料放入湯鍋內，加水蓋過材料，煮沸，轉中小火續煮30分鐘。
4. 接著加入豆腐再煮10分鐘，加調味料拌勻，即可熄火。

坐月子補給站

黃豆富含蛋白質、脂肪、醣類及纖維，而黃豆發芽時會產生多種營養素。

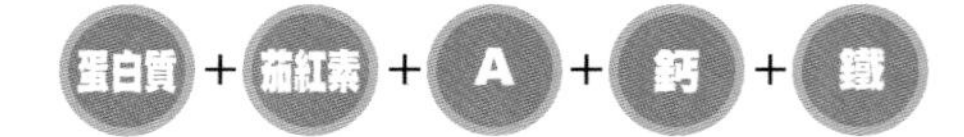

全素	蛋奶素	健康素
○	○	○

材料（6人份）

蓮藕……500公克
杏鮑菇……200公克
菱角……250公克
乾海帶……1段（約15公分）
薑片……適量
香菜……適量

調味料

麻油……1小匙
鹽……少許
胡椒粉……少許

作法

1. 用乾淨鐵刷將蓮藕外皮刷淨，切塊。
2. 杏鮑菇洗淨，用手撕成 2 至 3 條。
3. 菱角洗淨。
4. 乾海帶用沸水泡開，再用冷水洗淨，切成 5 公分長塊。
5. 將蓮藕、杏鮑菇、菱角、海帶、薑片、10 ～ 12 杯水放入湯鍋內，煮約 1 ～ 1.5 小時，直到蓮藕軟熟。
6. 接著加入調味料拌勻，再撒香菜，即可熄火。

NOTE

煮好的蓮藕菱角湯可分成數份，放入冰箱冷凍，食用前再取出加熱即可。

坐月子補給站

全素	蛋奶素	健康素
○	○	○

冬瓜湯

材料（2人份）

冬瓜 180公克
（或青木瓜）
玉米 ....半根
金針菇........50公克
乾豆皮.............適量
薑片 ....適量
枸杞（或紅棗）適量

調味料

鹽 .... 少許
糖 1/4小匙
麻油 1/2小匙

作法

1. 將冬瓜洗淨，不去皮，切1公分厚的片狀。
2. 玉米洗淨，切段。金針菇洗淨。
3. 將冬瓜、玉米、金針菇、乾豆皮、薑片、3杯水放入湯鍋內，煮沸後再轉中小火，直到冬瓜軟爛。
4. 接著加入枸杞、鹽、糖，再煮沸2分鐘，熄火，滴入麻油即可。

坐月子補給站

冬瓜、金針菇皆富含纖維，熱量不高。

蛋白質 + 醣 + 纖維

全素	蛋奶素	健康素
○	○	○

海帶芽豆腐湯

材料(1人份)

有機盒豆腐............半塊
紅番茄....................半個
乾海帶芽................適量
(或紫菜)
嫩薑絲....................適量
素高湯..................1.5杯

調味料

麻油.......................少許
鹽...........................少許
糖...........................少許
胡椒粉....................少許

作法

1. 豆腐、紅番茄皆切小塊。
2. 將素高湯放入湯鍋內，加入豆腐、紅番茄、嫩薑絲煮沸。
3. 接著加入調味料、海帶芽拌勻，即可熄火。

坐月子補給站

海帶芽、紫菜等海藻類食材，皆富含碘及礦物質。

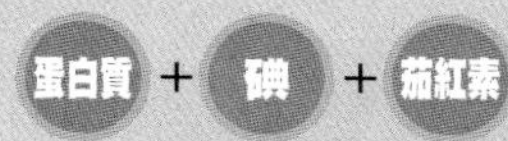

全素	蛋奶素	健康素
○	○	○

金針羹

材料（2人份）

金針……1/3杯
香菇……4朵
有機豆腐……半塊
黑木耳……1/4杯
金針菇……50公克
胡蘿蔔絲……1/4杯
薑絲……適量
榨菜絲……適量
香菜……少許

調味料

麻油……1大匙
醬油……1/2小匙
素高湯……3杯
地瓜粉……1小匙
鹽……適量
胡椒粉……適量

作法

1. 金針泡軟，洗淨。香菇泡軟，切薄片。
2. 豆腐、黑木耳皆切絲。金針菇洗淨。
3. 湯鍋內放入麻油加熱，先放入薑絲、香菇絲炒香，再加胡蘿蔔絲翻炒一下，加入醬油炒勻，加入素高湯。
4. 接著加入金針、金針菇、豆腐絲、黑木耳絲、榨菜絲，煮沸，轉中小火續煮5分鐘，加入地瓜粉水勾芡，撒鹽、胡椒粉拌勻，盛入湯碗中，撒些香菜即可。

坐月子補給站

金針、香菇、黑木耳、金針菇、胡蘿蔔等材料，皆富含纖維，其中香菇、金針菇、黑木耳更含豐富水溶性纖維。

全素	蛋奶素	健康素
○	○	○

素高湯

材料

白蘿蔔............................半個
高麗菜............................半個
紅番茄............................2個
玉米..............................1根
牛蒡..............................1小段
甘蔗根............................1小段
芹菜（連葉）......................1根
黃豆芽............................600公克
薑................................1大塊
香菇..............................數朵
甘草..............................3片
紅棗..............................10粒
蘋果..............................1個

作法

1. 白蘿蔔、高麗菜、紅番茄洗淨，切大塊。
2. 玉米洗淨，切段。牛蒡洗淨，切片。蘋果洗淨，切片。
3. 甘蔗根、薑洗淨，用刀背拍鬆。
4. 取一個大湯鍋，放入全部材料，加入 3 倍水，先以大火煮沸，轉小火續煮 2 小時，待冷卻。
5. 將高湯濾出，分裝於袋中，放入冰箱冷凍，使用前再取出加熱即可。

坐月子補給站

所用食材多為風味甘甜，可增加素食菜肴或湯品的美味。

全素	蛋奶素	健康素
○	○	○

Part 4

主食

精選米飯、麵食、饅頭、漢堡、三明治等
多道料多味美的中、西主食，
素食媽媽也可以有多樣的主食選擇。

八珍松子炒飯

材料（4人份）

白米飯........................2碗
嫩豆包........................1片
松子........................3大匙
薑末........................1大匙
香菇末......................2大匙
胡蘿蔔丁....................2大匙
毛豆（或豌豆仁）.....4大匙
玉米粒......................3大匙
紫高麗菜丁..............1/2杯

調味料

麻油............................1.5大匙
醬油..............................1小匙
鹽....................................少許
糖....................................適量
胡椒粉..............................少許

松子

作法

1. 嫩豆包切小丁。
2. 松子以乾鍋炒香，備用。
3. 鍋中放入麻油加熱，先放薑末炒香。
4. 接著放入香菇末炒香，加入嫩豆包炒至微黃，再加胡蘿蔔丁、毛豆、玉米粒、紫高麗菜丁、1/3 杯水，炒到湯汁收乾。
5. 再加入醬油、鹽、糖、胡椒粉拌勻，放入白米飯翻拌均勻，最後加入炒香的松子拌勻即可。

NOTE

可加入少許切碎的包種茶葉拌炒，會使炒飯泛著一股清淡的茶香。

坐月子補給站

麻油含單元及多元不飽和脂肪酸，亦可促進子宮收縮。紫高麗菜、胡蘿蔔則富含維生素A及纖維。

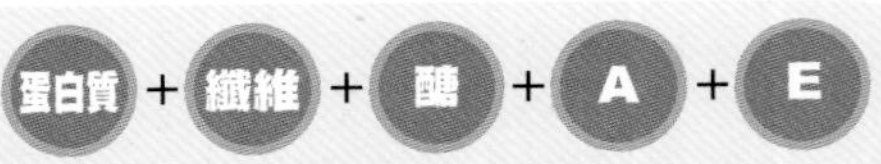

全素	蛋奶素	健康素
○	○	○

荷葉油飯

材料（6人份）

長糯米..............................2杯
黑糯米..............................1杯
香菇...........................20公克
老薑末..........................1大匙
毛豆.............................1/3杯
乾荷葉..............................3張

調味料

黑麻油..............................2大匙
醬油................................1大匙
黑胡椒粉............................少許

荷葉

作法

1. 長糯米、黑糯米洗淨，泡水 4 小時。
2. 香菇泡軟，切細絲。
3. 荷葉用沸水煮約 3 分鐘，撈起洗淨，每張各剪開成 4 片，如此共有 12 片。
4. 炒鍋內放入黑麻油、老薑末炒香，再加入香菇絲炒香，接著放入醬油、泡好的糯米、1/2 杯水，翻炒至水分收乾，加入毛豆、黑胡椒粉炒勻，熄火，分成 12 份。
5. 取 1 片荷葉，放 1 份糯米，包捲起來。依此方式將荷葉油飯一一包捲好。
6. 將包好的荷葉油飯，放入電鍋中，加 1.5 杯水蒸熟即可。

坐月子補給站

蛋白質 + 纖維 + 醣 + 脂肪

全素	蛋奶素	健康素
○	○	○

藥膳麵

藥膳汁

材料

豆蔻 1錢
小茴 1錢
甘松 1錢
桂枝 3錢
生地 5錢
當歸 2錢
川芎 2錢
參鬚 3錢
白芍 5錢
黃耆 1兩
淮七 5錢
甘草 3錢
甘杞 1兩
烏參 2兩
茯苓 5錢
黃精 3錢
薑塊 1塊

藥膳汁材料

作法

1. 將藥膳汁材料放入大湯鍋內，加水蓋過材料，煮沸，轉中小火續煮 1 小時，熄火。
2. 濾出藥膳汁，分裝於塑膠袋中，放入冰箱冷凍，食用前取出。

藥膳麵

材料（2人份）

馬鈴薯 1個
胡蘿蔔 半個
百頁豆腐 半條
番茄 半個
新鮮香菇 3朵
紅棗 4個
藥膳汁 1杯
細拉麵 150公克

調味料

麻油 1小匙
鹽 適量

作法

1. 馬鈴薯去皮，切滾刀塊。胡蘿蔔洗淨，切滾刀塊。
2. 番茄、新鮮香菇洗淨，切塊。
3. 百頁豆腐切 1 公分厚的片狀。
4. 湯鍋內放入麻油加熱，放入百頁豆腐煎黃，再加入馬鈴薯、胡蘿蔔、番茄、新鮮香菇、紅棗、藥膳汁、1 杯水，煮到馬鈴薯熟軟，加鹽拌勻。
5. 另煮沸一小鍋清水，放入拉麵煮 1 分鐘，撈起盛入大碗中，再加入作法 4 的湯料即可。

坐月子補給站

藥膳汁含豐富微量元素礦物質，可調節產後生理功能。

全素	蛋奶素	健康素
○	○	○

蒸河粉

材料(4人份)

長條麵筋......................... 2大條(約200公克)
洋菇...................100公克
河粉...........................4張
紅糟....................1.5大匙
薑末.......................1小匙

調味料

醬油...............................1大匙
糖..................................1小匙
黑胡椒粉.....................1/2小匙
鹽................................1/2小匙

紅糟

長條麵筋

作法

1. 長條麵筋用手撕成小片。洋菇洗淨，切片。
2. 炒鍋內放入 2 大匙油加熱，放入薑末、長條麵筋，以小火煎至微黃。
3. 接著加入紅糟、醬油、糖，翻炒數下，加 3 大匙水，加蓋燜煮至麵筋變軟、湯汁收乾。
4. 再加入洋菇，拌炒至洋菇變軟，加入黑胡椒粉、鹽拌勻，熄火，盛起放涼，即成餡料。
5. 每張河粉各切成 4 片，如此共有 16 片河粉。
6. 將餡料等分為 16 份，每片河粉中包入 1 份餡料。
7. 取一只大盤子，抹少許油，將包好的河粉置於盤中。
8. 備妥蒸籠，待水煮沸後，以大火蒸 5 分鐘即可。

坐月子補給站

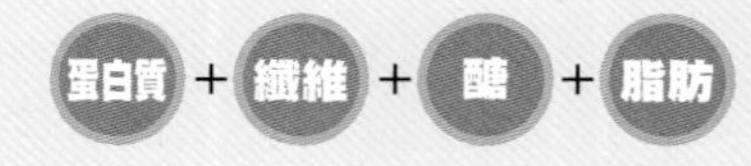

全素	蛋奶素	健康素
○	○	○

水餃

水餃皮材料（可製作45個水餃）

中筋麵粉......................250公克
全麥麵粉......................50公克
水......................160cc
鹽......................適量

內餡材料

青江菜......................900公克
胡蘿蔔......................60公克
香菇......................25公克
嫩豆包......................100公克
黃玉米......................半根
薑末......................1小匙

調味料

油......................2大匙
醬油......................1小匙
糖......................1小匙
鹽......................適量
胡椒粉......................適量
麻油......................1大匙

作法

製作水餃皮：

1. 將水餃皮材料混合均勻，揉成光滑的麵團，蓋一層濕布，醒10分鐘。接著再揉一次，蓋上濕布醒20分鐘。
2. 將麵團切成3份，搓成細長條，再切成小塊，每個約10公克，壓平，擀成小圓片，即成水餃皮。

製作內餡：

1. 青江菜洗淨，分兩次放入加鹽沸水中，汆燙3秒鐘即撈起沖冷水，瀝乾水分，細細剁成泥，再次將水分擠乾。
2. 香菇泡軟，剁成細丁。胡蘿蔔、嫩豆包皆切細丁。黃玉米用刀分三次將玉米粒削下。
3. 炒鍋內放入2大匙油加熱，先放薑末炒香，再加香菇翻炒一下，放入胡蘿蔔、嫩豆包，炒到微黃，再加醬油、糖，炒到水分收乾，熄火放涼。
4. 將青江菜泥、玉米粒、鹽、胡椒粉、麻油加入作法3中拌勻，即成餡料。
5. 取水餃皮包入適量餡料捏合。
6. 將包好的水餃放入沸水中煮熟即可。

NOTE

若購買現成水餃皮，接合的部分要先抹一層水，才易黏合。

坐月子補給站

青江菜為綠色蔬菜，富含維生素A、葉酸、鈣、鐵等營養素。

全素	蛋奶素	健康素
○	○	○

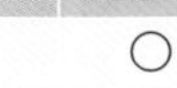

雜糧饅頭

材料A（約可製作15個）

鮮奶.........................350公克
鹽...............................1/2小匙
紅糖...........................50公克
乾酵母..........................8公克
中筋麵粉...................400公克
全麥麵粉...................100公克

材料B

中筋麵粉........................1/2杯
小蘇打........................1/4小匙
橄欖油.........................20公克
枸杞............................20公克

材料C

南瓜子...................40公克
核桃......................30公克
葵瓜子...................30公克
黑芝麻...................20公克
葡萄乾...................60公克

作法

1. 將材料 A 中的鮮奶、鹽、紅糖、乾酵母混勻，放置 10 分鐘（冬天鮮奶要微溫），再加入中筋麵粉、全麥麵粉，拌勻揉成麵團，蓋一層濕布，醒約 1 ～ 2 小時。
2. 枸杞加 1 大匙麵粉（分量外），放入調理機中打碎。
3. 將醒好的麵團放在麵板上，加入以冷開水溶解的小蘇打、打碎的枸杞粉，一起揉勻，慢慢加入材料 B 中的中筋麵粉，一邊加一邊揉到表面光滑，再加入橄欖油揉勻。
4. 接著加入材料 C，充分揉勻，蓋上濕布，醒 10 分鐘。
5. 將麵團搓揉成長條，再等切成每份重 60 公克的小麵團，搓揉成圓形，蓋上濕布，再醒 20 分鐘左右（夏天時間要縮短）。
6. 備妥蒸籠，水煮沸後，將饅頭排放入蒸籠裡，以大火蒸 10 ～ 12 分鐘。

NOTE

1. 冬夏醒麵的時間不同，冬天需較長時間，夏天較短。
2. 蒸饅頭的時間須視麵團大小而定，如果麵團較小，時間就須縮短。

坐月子補給站

雜糧饅頭比一般白饅頭含有更多營養與纖維，滋味也更加香甜可口。

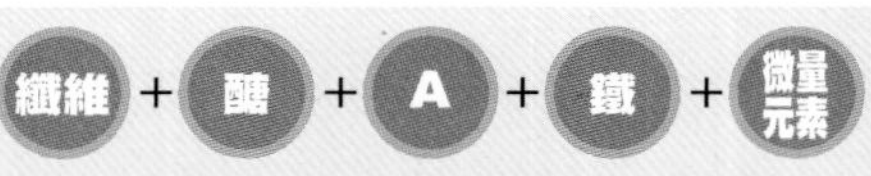

全素	蛋奶素	健康素
×	○	○

餛飩湯

餛飩

材料

素火腿……90公克
嫩豆包……90公克
胡蘿蔔丁……30公克
乾香菇……20公克
馬鈴薯泥……50公克
芹菜末……30公克
薑末……1小匙
餛飩皮……600公克

調味料A

醬油……1小匙
糖……1小匙

調味料B

胡椒粉……適量
麻油……1小匙
鹽……適量

素火腿

作法

1. 素火腿剁成泥。
2. 乾香菇泡軟，切末。嫩豆包切小丁。
3. 炒鍋中放入1大匙油加熱，放入薑末炒香，再加香菇末翻炒片刻，加入胡蘿蔔丁、嫩豆包丁，翻炒至微乾，加入醬油、糖炒勻，熄火放涼。
4. 將素火腿泥、馬鈴薯泥、芹菜末、調味料B加入作法3中拌勻，即成內餡。
5. 取1片餛飩皮，將適量內餡置於餛飩皮的一角，捲起來，兩端用手沾一點水黏合。依此方式將餛飩一一包好。

餛飩湯

材料（1人份）

餛飩……8個
新鮮香菇……2朵
榨菜絲……2大匙
青江菜……適量
素高湯……1.5杯
海苔絲……適量

調味料

麻油……適量
鹽……適量
胡椒粉……適量

作法

1. 煮沸一鍋水，放入包好的餛飩，煮約1～2分鐘即可撈起。
2. 將素高湯倒入湯鍋中，加入香菇、榨菜絲，煮沸，再放入青江菜煮沸，熄火。
3. 取一只大碗，先放調味料，再加入作法2連湯，最後放入煮好的餛飩，撒上海苔絲即可。

坐月子補給站

全素	蛋奶素	健康素
○	○	○

菠菜麵疙瘩

材料A（2人份）

中筋麵粉 150公克
水..................1/2電鍋量杯

材料B

菠菜 150公克
紅番茄.........................1個
薑片 .... 適量
金針菇...................50公克

調味料

鹽.........................1/2小匙
糖.............................. 適量
醬油 1小匙
胡椒粉........................ 適量

作法

1. 將材料A放在鋼盆內，用叉子或筷子以順時針方向攪拌，直到麵粉結成小塊（不要搓揉）。
2. 菠菜洗淨，切段。紅番茄洗淨，切塊。金針菇洗淨。
3. 湯鍋內放入1小匙油加熱，先放薑片炒香，加入鹽、糖、紅番茄塊，再加醬油、金針菇翻炒一下，加3杯水煮沸。
4. 將作法1倒入湯中，立即用鍋鏟翻動，煮約2分鐘，加入菠菜煮沸，熄火，撒些胡椒粉即可。

坐月子補給站

菠菜含鐵質及維生素K。維生素K有助於傷口的癒合。

全素	蛋奶素	健康素
○	○	○

麻醬麵

自製芝麻醬

材料A

芝麻醬……120公克
香油……2大匙
花生醬……2大匙
打碎芝麻……1大匙
花椒粉……1/2小匙

材料B

醬油……3大匙
糖……1大匙
冷開水……1/2杯

作法

1. 將材料B拌勻，即成醬油水。
2. 將材料A、醬油水放入果汁機中打勻即可。放於冰箱冷藏可保存1星期～20天。

麻醬麵

材料（1人份）

拉麵……1球
豌豆嬰……1大匙
綠豆芽……1大匙
甜紅椒絲……1大匙
薑絲……適量
小麥胚芽粉……適量
炒嫩豆包破布子（見P.48）……2大匙
自製芝麻醬……2大匙

作法

1. 拉麵放入沸水中，煮約1～2分鐘，煮的時候用筷子攪動一下，撈起盛盤。
2. 綠豆芽放入加鹽沸水中汆燙片刻，撈起瀝乾。
3. 將綠豆芽、豌豆嬰、甜紅椒絲、薑絲、炒嫩豆包破布子鋪放在拉麵上，淋自製芝麻醬、小麥胚芽粉拌食即可。

坐月子補給站

豌豆嬰、綠豆芽皆屬芽菜類，富含維生素C及纖維。芝麻醬則富含蛋白質、脂肪、維生素E及鈣、鐵。

全素	蛋奶素	健康素
○	○	○

NOTE

另一種較複雜但也更美味的醬油水作法：20公克乾海帶用沸水泡開，剪小段，加醬油3大匙、薑數片、蜂蜜2大匙、胡椒粉少許、水4杯放入鍋中，以小火煮至剩約2杯水即可。

義式茄醬麵

自製番茄醬

材料

番茄..................................1.8公斤
素肉粒................................ 40公克
洋蔥 200公克
洋菇 100公克
月桂葉......................................3片
起司片......................................4片
鮮奶油..................................2大匙
薑末 1大匙
乾燥俄勒岡 (oregano).......1.5大匙
豌豆仁....................................1大匙

調味料

醬油 2大匙
糖 1.5大匙
鹽 1小匙
胡椒粉................................1/2小匙

作法

1. 番茄放入沸水中煮約3分鐘，取出沖冷水，去掉皮、蒂，切小丁。
2. 素肉粒放入水中煮沸，再續煮約5分鐘，撈起沖冷水，擠除水分。
3. 洋蔥去皮，切小丁。
4. 洋菇洗淨，切薄片。
5. 炒鍋內放入5大匙油加熱，先炒香薑末，再加洋蔥、素肉粒，炒到顏色微黃，加醬油、糖炒勻，再加洋菇片炒軟，放入番茄丁、月桂葉，以中小火慢煮至濃稠。
6. 接著加入起司片、豌豆仁、乾燥俄勒岡混合均勻，加鹽、胡椒粉、鮮奶油拌勻，即可熄火。

義式茄醬麵

材料（1人份）

細拉麵（或義大利麵）...... 100公克
自製番茄醬............................ 半碗

作法

1. 麵條放入沸水中煮軟，撈起盛盤。
2. 加入番茄醬拌勻即可。

NOTE

1. 乾燥俄勒岡可用九層塔切碎取代。
2. 可於茄醬麵中添入燙過的青花椰菜、玉米筍等。

坐月子補給站

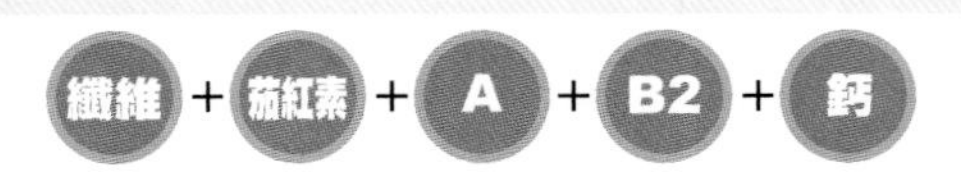

全素	蛋奶素	健康素
△ 請去除洋蔥、起司片、鮮奶油	△ 請去除洋蔥	○

漢堡

自製綜合堅果醬

材料

腰果、核桃、松子..........各適量

作法

1. 腰果、核桃放入烤箱烤至顏色變黃，放涼。
2. 將腰果、核桃、松子放入食物調理機中，打碎成泥狀，裝在罐中保存。

核桃

腰果

漢堡

材料（1人份）

漢堡麵包............................1個
嫩豆包...............................1片
蘋果片...............................1片
起司片...............................1片
生菜葉...............................1片
綜合堅果醬...................... 適量

調味料

醬油 1/4茶匙
胡椒粉............................. 少許
麻油 .... 少許

作法

1. 將調味料均勻淋撒於嫩豆包，醃漬片刻。
2. 鍋內放少許油加熱，放入嫩豆包煎至兩面微黃。
3. 漢堡麵包橫剖開但不要切斷。
4. 在漢堡麵包內先抹一層綜合堅果醬，再依序鋪放生菜葉、嫩豆包、蘋果片、起司片即可。

NOTE

綜合堅果醬可換為雪蓮泥（作法見P.106）。

坐月子補給站

堅果醬除了含蛋白質、脂肪、纖維，更富含維生素B1、E、鈣、鐵及多種微量元素，營養豐富。

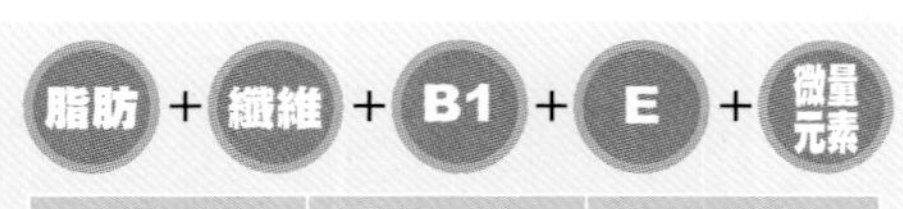

全素	蛋奶素	健康素
△ 請去除洋蔥	○	○

三明治

自製雪蓮泥

材料

雪蓮子........................300公克
洋菇...........................200公克
月桂葉............................2片
起司片............................4片
腰果.............................60公克

調味料

橄欖油..........................4大匙
醬油.............................1大匙
鹽...............................1/2小匙
糖...............................1大匙
胡椒粉.........................1/4大匙
薑泥.............................1大匙

雪蓮子

作法

1. 雪蓮子泡水6小時。
2. 將泡軟的雪蓮子加4碗水放入鍋內，煮30～40分鐘，撈起沖冷水、去皮。
3. 將去皮的雪蓮子放入食物調理機中，加1碗水打成泥。
4. 洋菇洗淨，放入食物調理機中打成泥。腰果也打成泥。
5. 鍋中放入橄欖油加熱，先放薑泥炒香，再加洋菇泥、月桂葉，翻炒片刻。
6. 接著加入雪蓮泥、腰果泥，再加醬油、鹽、糖，以中火翻炒10到15分鐘，直到呈濃稠狀。
7. 再加入起司片，翻炒至起司融化，加入胡椒粉拌勻，即可熄火。

三明治

材料（1人份）

吐司麵包..........................3片
雪蓮泥............................適量
蘋果片..............................2片
萵苣葉..............................1片

作法

1. 取1片吐司，抹一層雪蓮泥，再放1片蘋果，蓋上另1片吐司，再抹一層雪蓮泥，放1片萵苣葉，再蓋1片吐司。
2. 將做好的三明治從對角切成三角形即可。

NOTE

雪蓮泥可用來抹麵包或搭配蔬菜食用。

坐月子補給站

全素	蛋奶素	健康素
△ 請去除雪蓮泥材料中的起司片	○	○

菠菜羊起司捲

羊起司、ricotta cheese

外皮材料（6人份）

中筋麵粉............200公克
全麥麵粉..............50公克
鹽........................1/4小匙
鮮奶............................1杯
新鮮酵母................8公克
蜂蜜........................1茶匙

內餡

菠菜...........................400公克
羊起司........................150公克

調味料

橄欖油............................2大匙
胡椒粉.............................. 適量
鹽................................... 適量

作法

1. 菠菜洗淨，放入沸水中汆燙，立即撈起沖冷水，剁碎，擠乾水分。
2. 將菠菜碎、羊起司、調味料拌勻，即成內餡。
3. 將外皮材料全部混合均勻成團狀，覆蓋濕布，放置約1～2小時發酵（視溫度而定，夏天所需時間較短，冬天則較長）。
4. 發酵後的麵團會膨脹至兩倍大，加些許乾麵粉（分量外）揉到表面光滑有彈性，約需20分鐘，再蓋濕布進行第二次發酵15分鐘。
5. 將整個麵團擀成厚0.7公分的圓片，上面均勻塗抹內餡，再將麵皮捲成長條，兩端抹點水，接合成圓環狀，用刀沿著圓環，每間隔3公分處切斷3/4、留1/4相連，並將切口扭轉至朝上，稍微壓平。
6. 將處理好的麵捲放置於烤盤中，再發酵20分鐘，表面刷塗少許油。
7. 接著放入已預熱的烤箱中，以180/200℃烤20～25分鐘即可。

NOTE

1. 也可改用蒸的方式。
2. 新鮮酵母可換為乾酵母4公克。

坐月子補給站

B群 + 葉酸 + E + K + 鈣 + 鐵

全素	蛋奶素	健康素
╳	○	○

焗吐司

材料（1人份）

素火腿薄片……2片
九層塔……適量
奶油起司（cream cheese）
……40公克
奶油……1/2小匙
起司絲……2大匙
黑胡椒粉……適量
吐司……2片

作法

1. 將素火腿切細絲，再切成小丁。
2. 九層塔剁碎。
3. 將素火腿丁、九層塔碎加奶油起司、奶油、黑胡椒粉一起攪拌均勻，再加起司絲拌勻，分成2份，分別塗抹在2片吐司上。
4. 將吐司放入已預熱的烤箱中，以190℃烤10分鐘即可。

NOTE

素火腿可換為素干貝絲半罐。

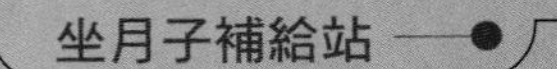

全素	蛋奶素	健康素
╳	○	○

香菜軟餅

材料（2人份）

中筋麵粉 120公克
鮮奶 1杯
無鹽奶油 1/2小匙
香菜 15公克

調味料

鹽........................適量

NOTE

可用香菜軟餅捲素肉鬆、雪蓮泥、生菜絲、蘋果絲、素火腿片來食用。

作法

1. 香菜洗淨，切碎。
2. 無鹽奶油切碎。
3. 將中筋麵粉、鮮奶、無鹽奶油、香菜、鹽一起拌勻成麵糊。
4. 平底鍋加熱，抹一層薄薄的油，轉中小火，將1/4麵糊倒入鍋中，用鍋鏟的背面，在麵糊上輕輕畫圓圈，形成一個圓形薄麵皮，直到顏色轉透明，再翻面煎黃（此時可酌加點油煎）即可。

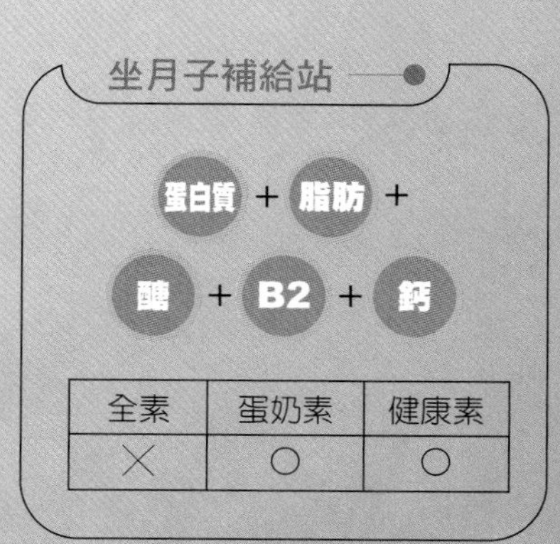

全素	蛋奶素	健康素
×	○	○

Part 5

點心

不只可口，更富含營養的點心，
讓素食媽媽的味覺與心靈
都能感受到甜蜜滋味。

綜合豆漿

NOTE

煮豆漿的鍋子一定要非常乾淨，不可沾到任何油。

材料（6人份）

黃豆	300公克
黑豆	100公克
花生	100公克
杏仁	50公克

作法

1. 將全部材料洗淨，泡水 4 ～ 6 小時。
2. 將泡好的豆子等分成 4 份，每份各加 3 杯水，分別放入果汁機中打碎，倒入過濾袋中，濾掉渣滓，將豆汁倒入鍋中。
3. 將豆汁以中小火煮沸，再續煮 5 分鐘即可。煮的時候要不停的以湯勺刮鍋底，以免焦底而影響味道。

坐月子補給站

黃豆、黑豆、花生、杏仁皆含豐富蛋白質、脂肪、醣、維生素B群、鈣、鐵等，是營養豐富的點心。

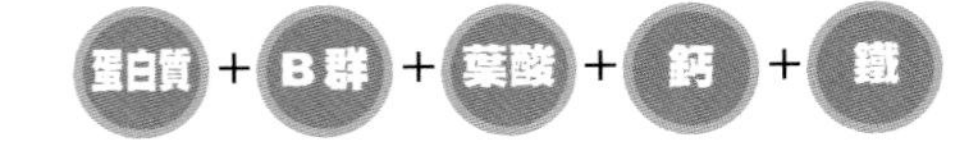

全素	蛋奶素	健康素
○	○	○

鹹豆漿

材料（1人份）

綜合豆漿……1杯
榨菜末……1大匙
芹菜末……1大匙
油條……1/3根
香菜碎……1大匙
炒熟白芝麻……適量

調味料

醋……1小匙
香油……1/2小匙
鹽……適量

作法

1. 油條切小段。
2. 將調味料、榨菜末、芹菜末全部放入一只大碗中。
3. 接著注入煮沸的綜合豆漿，最後撒入油條、香菜碎、白芝麻，攪拌一下即可。

坐月子補給站

蛋白質＋B群＋葉酸＋鈣＋鐵

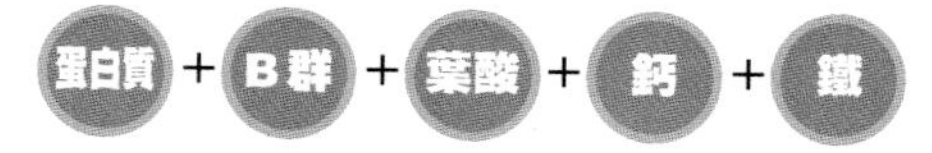

全素	蛋奶素	健康素
○	○	○

糙米堅果漿

材料（4人份）

糙米……1電鍋量杯
黑芝麻……10公克
白芝麻……10公克
腰果……25公克
核桃……25公克
蜂蜜……適量
炒熟黑芝麻……適量

作法

1. 糙米洗淨，放入烤箱，以 180℃烤 20 ～ 30 分鐘，取出泡冷水 3 小時。
2. 腰果、核桃放入烤箱，烤到微黃，約需 10 分鐘。
3. 黑、白芝麻放入烤箱，烤約 5 分鐘。
4. 將糙米、腰果、核桃、黑白芝麻放入食物調理機中，加 4 杯水打成泥狀，倒入鍋中，再加 4 杯水，以中小火煮沸，煮的時候要不停的攪動，以免鍋底燒焦。
5. 食用時加入蜂蜜、撒炒熟黑芝麻。

NOTE

1. 糙米可改成五穀米。
2. 若喜歡鹹味點心，可改以鹽調味。

坐月子補給站

糙米所含的營養成分比白米更豐富，特別是纖維、維生素B1、鈣、鐵等；而其他堅果類材料亦含有維生素E、鐵、鈣及微量元素礦物質。

蛋白質 + B1 + E + 鈣 + 鐵

全素	蛋奶素	健康素
○	○	○

蔗汁核桃酪

材料（1人份）

核桃	20公克
腰果	20公克
荸薺	4個
甘蔗汁	1杯
桔餅	適量

NOTE

如果喜歡甜一些，可將作法3的1杯水也改為甘蔗汁。

作法

1. 核桃、腰果泡水 2 小時。
2. 荸薺去皮。
3. 將核桃、腰果、荸薺放入食物調理機中，加 1 杯水打成泥，倒入鍋中，再加甘蔗汁，以中小火煮沸，煮的時候要不停的攪拌。
4. 桔餅切成細絲。
5. 食用時撒入桔餅絲即可。

坐月子補給站

核桃、腰果富含蛋白質、脂肪、醣、纖維和維生素B1，其脂肪中又含脂溶性維生素E。因未經過加工精製，保留了較多鈣、鐵等礦物質。

全素	蛋奶素	健康素
○	○	○

杏仁花生湯

材料（6人份）

南杏……………………200公克
去皮花生…………200公克
蜂蜜……………………適量

NOTE

食用時可加些油條。

作法

1. 杏仁泡水 2～3 小時。
2. 去皮花生泡水 4 小時。
3. 泡好的杏仁加 5 杯水，放入食物調理機中打成泥，濾除渣滓，將杏仁汁倒入鍋中。
4. 將泡好的花生加入杏仁汁中，再加 4 杯水，煮約 1 小時，直到花生軟爛。
5. 最後加入蜂蜜調味，即可熄火。

坐月子補給站

花生、杏仁皆屬堅果種子類，含蛋白質、脂肪、纖維、維生素B群與E、鐵、鈣等。

蛋白質 ＋ B群 ＋ 纖維 ＋ 菸鹼酸 ＋ 葉酸

全素	蛋奶素	健康素
○	○	○

紫米甜粥

材料（6人份）

紫米 1/2杯
紅豆 1杯
薏仁 1杯
紅棗 30個
圓糯米.................1/2杯
蓮子 1杯
蜂蜜 ....適量

作法

1. 將紅豆、薏仁、紫米泡水4小時，洗淨。
2. 圓糯米、紅棗、蓮子洗淨。
3. 將除了蜂蜜之外的材料加12杯水，以小火煮約1小時，直到湯汁濃稠。
4. 食用時視個人喜好添加蜂蜜。

坐月子補給站

紅豆、紫米富含鐵質，可預防缺鐵性貧血。薏仁則有去斑美容的效果，且可幫助產後惡露排出。

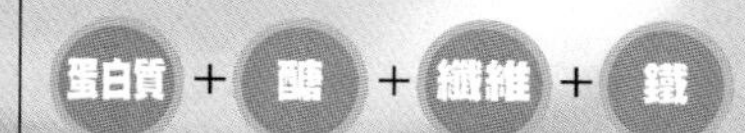

全素	蛋奶素	健康素
○	○	○

黑棗糕

黃耆蜜黑棗

材料（約可製作600公克蜜黑棗）

黑棗 600公克
黃耆 60公克
蜂蜜 1/2杯
水 5杯

作法

1. 將全部材料放入鍋中，以中小火煮到湯汁收乾。注意：當湯汁快收乾時，要不停翻攪。
2. 放涼後，裝入密封罐中，放於冰箱冷藏。

黑棗糕

材料（4人份）

黃耆蜜黑棗（去皮去籽）
.... 100公克
鮮奶 200公克
黑糖 60公克
奶油起司(cream cheese)
.... 50公克
奶油 20公克
泡打粉......................3/4大匙
核桃 20公克
杏仁 20公克
低筋麵粉 120公克
高筋麵粉 50公克

作法

1. 將鮮奶、黑糖、奶油起司、奶油放入食物調理機中，攪拌約 2 分鐘，再加入泡打粉攪拌 5 秒鐘，倒入鋼盆中，再加入蜜黑棗。
2. 麵粉過篩入鋼盆中，用橡皮刮刀輕輕拌勻，再加入核桃拌勻。
3. 杏仁切碎塊。
4. 將作法 2 的麵糊倒入模型中，再撒切碎的杏仁。
5. 將模型移入已預熱的烤箱中，以 190/210℃烤 15 ～ 20 分鐘，再轉 170/190℃烤 20 ～ 25 分鐘。

NOTE

1. 黃耆蜜黑棗中的黃耆可取出以熱水沖泡，作為茶品飲用。
2. 蜜黑棗可以改為去籽的西洋黑棗，或是龍眼乾、葡萄乾。

坐月子補給站

黃耆含抗氧化成分，可清除體內自由基。黑糖為未精製的糖，含豐富維生素B及鈣、鐵等礦物質，有補血的功效。

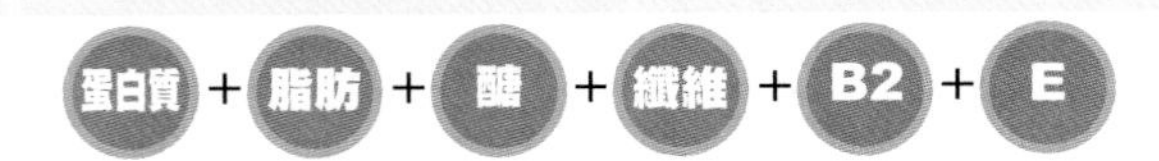

全素	蛋奶素	健康素
×	○	○

黑糖酒釀湯圓

自製酒釀

材料（10杯米的分量）

圓糯米.................. 10電鍋量杯（約1.5公斤）
酒麴 1個
冷開水............................ 2.5碗

酒麴

作法

1. 圓糯米洗淨，將水分充分濾乾，放入電鍋中，加7杯水，依一般煮飯方式煮熟成糯米飯。
2. 將糯米飯取出，放在乾淨的大容器中，吹涼至38℃左右。
3. 酒麴壓成粉，放在冷開水中攪拌至融化，倒在已吹涼的糯米飯上，以飯匙拌勻（不可用手去拌）。
4. 燜燒鍋洗淨擦乾，將拌好的糯米飯放入內鍋中抹平，中間挖洞，再斜插一支乾淨的筷子，使鍋蓋蓋上時有一個細縫透氣，再將外鍋蓋上（不要密合），放置2～3天（冬季時需4～5天），即成酒釀。
5. 做好的酒釀裝入密封罐中，放於冰箱冷藏。

黑糖酒釀湯圓

材料（1人份）

酒釀 .... 1碗（8分滿）
黑糖 2大匙
無鹽桂花醬.................... 適量
小湯圓.......................... 適量

作法

1. 將酒釀、1碗水（7分滿）、黑糖、桂花醬放入鍋中，煮沸。
2. 接著加入小湯圓，煮至湯圓浮起，即可裝碗食用。

坐月子補給站

圓糯米富含醣，經酒麴發酵後成為酒釀，有促進血液循環的功效。傳統認為酒釀可促進乳汁分泌。若加入蛋，可以增添更多營養。建議坐月子的婦女每日食用一碗酒釀，對產後身體調養極有幫助。

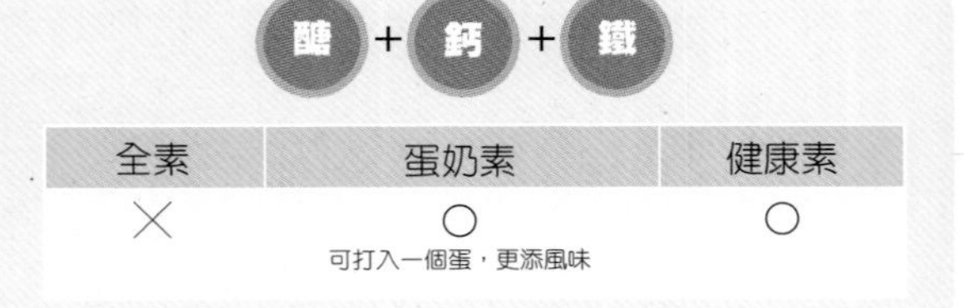

醣＋鈣＋鐵

全素	蛋奶素	健康素
×	○ 可打入一個蛋，更添風味	○

八寶飯

自製紅豆沙

材料

紅豆 300公克
冰糖 200公克
鹽 ....適量

作法

1. 紅豆泡水 8 小時。將泡好的紅豆放入鍋中，加 4 杯水，以中小火煮到水分收乾且紅豆軟爛。
2. 炒菜鍋中放入 2 大匙油加熱，加入煮好的紅豆及冰糖、鹽，一邊翻炒、一邊以鍋鏟壓碾，炒到紅豆成塊，即可熄火。

坐月子補給站

紅豆富含鐵質，可補血。

蛋白質 + 脂肪 + 醣 + 纖維 + 鐵

全素	蛋奶素	健康素
○	○	○

甜八寶飯

材料（4人份）

白圓糯米 1杯
黑糯米..............1杯
無鹽桂花醬... 1大匙
紫蘇梅汁 1大匙
紅棗 8個
桔餅 ....適量
桂圓肉.............適量
紅豆沙......320公克

作法

1. 黑、白糯米洗淨，加 1.5 杯水、1 小匙油，依一般煮飯方式煮熟。
2. 將桂花醬、紫蘇梅汁拌入蒸熟的糯米飯中，再將糯米飯等分成 4 份。
3. 取一個小碗，抹適量油，將 2 個紅棗、切片的桔餅與桂圓肉，在碗底鋪擺成圖形。
4. 取一份糯米飯，等分成兩半，一半平鋪在作法 3 的圖形上，再取 1/4 量的紅豆沙（80 公克），平鋪在糯米飯上，接著將剩下的糯米飯，平鋪在豆沙上，再用保鮮膜包起來。
5. 依照作法 3、4 製作其他 3 份糯米飯，放入蒸籠，蒸 40 分鐘。
6. 將蒸好的八寶飯倒扣於大盤中，另將適量桂花醬（分量外）勾薄芡，淋於八寶飯上即可。

烤蘋果

材料（4人份）

蘋果 4個

餡料

腰果醬（或芝麻醬、核桃醬）...................... 1.5大匙
肉桂粉................ 3/4大匙
葡萄乾.................... 3大匙
蜂蜜 2大匙

作法

1. 蘋果洗淨，挖出蘋果核，注意不要挖透，約留 1/4 的果核。
2. 將全部餡料混合均勻。
3. 將餡料填入挖空的蘋果中，約八分滿。注意：不要將餡料填得太滿，以免烘烤時汁液溢出。
4. 將蘋果放入已經預熱好的烤箱中，以 170/190℃烤 50 ～ 60 分鐘即可。

坐月子補給站

蘋果、葡萄乾皆富含纖維、醣、鐵。

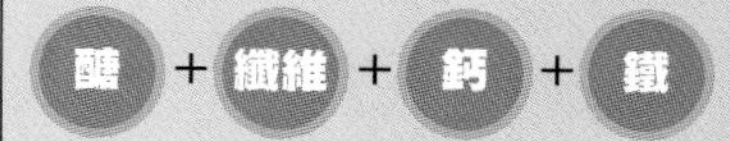

全素	蛋奶素	健康素
○	○	○

國家圖書館出版品預行編目資料

素食坐月子：80道滋補養身美味月子餐 / 王培仁著. -- 四版. --
臺北市：積木文化，城邦文化事業股份有限公司出版：英屬蓋曼群島商家庭傳媒股份有限公司城邦分公司發行，2024.10
面；　公分. --（五味坊；91）
ISBN 978-986-459-626-3(平裝)

1.CST: 素食食譜

427.31　　113013889

五味坊 91

素食坐月子【暢銷紀念版】：80道滋補養生美味月子餐

作　　者／王培仁
攝　　影／徐博宇．林宗億
審　　訂／宋臺英

出　　版／積木文化
總 編 輯／江家華
版　　權／沈家心
行銷業務／陳紫晴、羅伃伶

發 行 人／何飛鵬
事業群總經理／謝至平
城邦文化出版事業股份有限公司
台北市南港區昆陽街16號4樓
電話：886-2-2500-0888　傳真：886-2-2500-1951
發　　行／英屬蓋曼群島商家庭傳媒股份有限公司城邦分公司
台北市南港區昆陽街16號8樓
客服專線：02-25007718；02-25007719
24小時傳真專線：02-25001990；02-25001991
服務時間：週一至週五上午09:30-12:00；下午13:30-17:00
劃撥帳號：19863813　戶名：書虫股份有限公司
讀者服務信箱：service@readingclub.com.tw
城邦網址：http://www.cite.com.tw
香港發行所／城邦（香港）出版集團有限公司
地址：香港九龍土瓜灣土瓜灣道86號順聯工業大廈6樓A室
電話：(852)25086231 ｜ 傳真：(852)25789337
電子信箱：hkcite@biznetvigator.com
馬新發行所／城邦（馬新）出版集團 Cite（M）Sdn Bhd
41, Jalan Radin Anum, Bandar Baru Sri Petaling, 57000 Kuala Lumpur, Malaysia.
電話：(603) 90563833 ｜ 傳真：(603) 90576622
電子信箱：services@cite.my

封面設計／郭文琪
印　　刷／上晴彩色印刷製版有限公司

城邦讀書花園
www.cite.com.tw

【印刷版】
2004年1月2日　初版一刷
2024年10月29日　四版一刷
售　價／NT$399
ISBN 978-986-459-626-3

【電子版】
2024年10月　四版
售　價／NT$280
ISBN 978-986-459-625-6

www.cubepress.com.tw